Entwicklung, Charakterisierung und Anwendung
eines laserbasierten Drucksystems für lebende Zellen

Entwicklung, Charakterisierung und Anwendung eines laserbasierten Drucksystems für lebende Zellen

Von der Fakultät für Maschinenbau
der Gottfried Wilhelm Leibniz Universität Hannover
zur Erlangung des akademischen Grades
Doktor-Ingenieur
genehmigte Dissertation

von
Dipl.-Ing. Martin Grüne
geboren am 09.05.1977 in Hildesheim

2012

Bibliografische Information der Deutschen Nationalbibliothek
Die Deutsche Nationalbibliothek verzeichnet diese Publikation in der Deutschen Nationalbibliografie; detaillierte bibliografische Daten sind im Internet über http://dnb.d-nb.de abrufbar.
1. Aufl. - Göttingen : Cuvillier, 2012
Zugl.: Hannover, Univ., Diss., 2012

978-3-95404-106-0

Vorsitzender: Prof. Dr.-Ing. P. Wriggers
1. Referent: Prof. Dr.-Ing. Dr.-Ing. E.h.mult. Dr.med. h.c. H. Haferkamp
2. Referent: Prof. Dr.-Ing. L. Rissing
3. Referent: Prof. Dr.rer.nat. B. Chichkov

Tag der Promotion: 12.04.2012

Nonnenstieg 8, 37075 Göttingen
Telefon: 0551-54724-0
Telefax: 0551-54724-21
www.cuvillier.de

1. Auflage, 2012
Gedruckt auf säurefreiem Papier

978-3-95404-106-0

Inhaltsverzeichnis

Kurzzusammenfassung

Mit der Herstellung von autologem Gewebeersatz und vollständigen Organen aus patienteneigenen Zellen wird die Hoffnung verbunden, Leiden therapieren zu können, die derzeitig noch unheilbar sind. Allerdings macht die Komplexität von natürlichen Geweben es notwendig, neue technische Methoden zu entwickeln, die eine naturgetreue 3D Kopie der Gewebestörung des Patienten herstellen können. Eine viel versprechende Lösungsmöglichkeit dieses Problems ist die Weiterentwicklung von 3D-Drucktechniken für die Herstellung von autologem Gewebeersatz und lebenden Organen. Für dieses Anwendungsgebiet wurden in den letzten Jahren viele unterschiedliche Drucktechniken adaptiert, unter anderem ein direktes Laserschreibverfahren, das auf dem Laser-induzierten Vorwärtstransfer (LIFT) basiert. Hierbei funktioniert der eigentliche Materialübertrag im Gegensatz zu anderen Drucktechniken düsenfrei, da das Zell-Fluid-Volumen direkt aus einer flüssigen Schicht ausgetrieben wird. Das Zell-Fluid-Gemisch wird dafür vor dem Druckprozess als homogener Film auf einem beschichteten Glasträger aufgetragen, dem sogenannten Donor. Dieser wird planparallel zu einem weiterem Glasträger (Kollektor) befestigt. Für den Übertrag des Zell-Fluides wird ein geringer Bereich der Absorptionsschicht durch den einfallenden Laserpuls verdampft, dadurch bildet sich eine Dampfblase aus, die die Zellfluidschicht lokal ausbeult und beschleunigt. Das Kollabieren der Dampfblase mündet in der Ausbildung eines Fluidjets, der das Zellfluid vom Donor zum Kollektor "fließen" lässt.
Durch den Einsatz von biologischen Fluiden, die in einen gelartigen Zustand mittels geeigneter chemischer oder physikalische Wechselwirkung überführt werden können, sind auch komplexe 3D Zell-Geometrien mit dieser Technik realisierbar.
Diese Arbeit präsentiert die Ergebnisse der Adaptierung der fundamentalen LIFT-Technik für den Zelldruck und die Untersuchung verschiedener Einsatzgebiete dieses Drucksystems. Da wenig über den eigentlichen Übertragungsprozess bekannt war, wurde ein stroboskopischer Kameraaufbau entwickelt, mit dem sich der Jetentstehungsprozess sowie Einflüsse auf das Übertragungsverhalten dokumentieren ließen. Es konnte gezeigt werden, dass sich trotz nichtlinearer Zusammenhänge der Prozessparameter bei Kenntnis der Fluidcharakteristika das Übertragungsvolumen, einhergehend mit den gedruckten Zellmengen, in einem weiten Bereich gezielt variieren ließ. Außerdem konnte anhand der zeitaufgelösten Bildfolgen der Jetübertragung ein theoretisches Modell abgeleitet werden, mit dessen Hilfe auf die Fluidströmungen innerhalb des Jets geschlossen werden konnte.
Durch den nachgewiesenen schädigungsfreien Übertrag unterschiedlicher Zelltypen konnten lebende dreidimensionale mono- und multizelluläre Konstrukte mit dieser Drucktechnik erzeugt werden, die eine Vielzahl neuer in-vitro- und in-vivo-Ansätze eröffneten. Außerdem konnte mit dem gedruckten 3D Zellarray eine neue Methode vorgestellt werden, die die grundlegende Untersuchung von Zell-Zell- und Zell-Umgebungs-Interaktionen einer beliebigen Anzahl unterschiedlicher Zelltypen ermöglicht.
Ein Überblick über die jüngsten Veröffentlichungen im Bereich der laserbasierten Zelldrucksysteme zeigt, dass diese Technik weltweit von einer steigenden Anzahl wissenschaftlicher Arbeitsgruppen verwendet wird.
Aktuell sind im Verlauf dieser Arbeit elf peer-reviewed Publikationen sowie zahlreiche Beiträge auf Fachkonferenzen entstanden.

Schlagwörter: Laser-induzierter Vorwärtstransfer, Zelldruck, Tissue Engineering

Abstract

The biofabrication of autologous tissue substitutes and entire organs raises the hope to cure diseases by patients´ own cells that are still beyond remedy. To address this issue the development of new biofabrication methods are required, that are able to generate a 3D blueprint of the patient disorder mimicking the native archetype and tissue formation. One way of solving this technical problem is further development of 3D printing techniques in order to construct required autologous tissue substitutes and living organs. Over the last decade various printing techniques were adapted for this purpose including a laser-based direct write technique based on laser-induced forward transfer (LIFT). Compared to other printing approaches, this printing technique operates orifice-free, since deposition of the cell compound takes place by sheering a tiny cell-fluid volume out of a liquid layer. Therefore, the cell compound was blade-coated as a thin layer on a slide coated with an energy-absorbing material layer, referred as donor-slide, and mounted upside down in the setup facing a second slide (collector-slide). In brief, laser pulses are focussed through the donor-slide onto the energy-absorbing material layer which is evaporated locally at the focal point. This rapid energy deposition leads to the generation of a jet dynamic resulting in the deposition of a tiny volume of cell fluid on the collector-slide.

Even complex 3D cell structures can be realized with this printing technique by using fluids, which are polymerizing under appropriate physical or chemical conditions.

This thesis presents results of work on further development of the fundamental LIFT technique towards a bioprinting system and exploration of various applications of this system. Furthermore, a stroboscopic imaging setup was built up in order to visualize the formation of the jet and influences of process parameters onto the jet, since little was known about the jet dynamic resulting in the deposition of a tiny volume. It could be demonstrated, that the printed droplet volume and cell amounts can be adjusted in a wide range by knowing the fluid characteristics in spite of the fact that there is no linear relationship between the process parameters. Moreover, a theoretical model of the jet formation could be established by means of the time-resolved images, which enables evaluation of critical flow forces inside the jet. After verifying that the laser printing procedure has no negative influence on different printed cell types, living 3D mono- and multicellular constructs were generated by means of this printing technique, open up a wide range of new in-vitro and in-vivo studies. Furthermore, by printing multiple cell types in a 3D array a new biological test platform could be presented, enabling the study of complex and dynamic relationships between cells and their local environment.

An overview of reports on laser-based bioprinters indicates that this technique is constantly gaining wider acceptance and popularity among scientists worldwide. To date, work performed in the framework of this thesis has resulted in more than 11 peer reviewed publications and numerous conference contributions.

Key words: Laser induced forward transfer, cell printing, Tissue engineering

Formelzeichen und Abkürzungen

Formelzeichen

Formelzeichen	Einheit	Beschreibung
τ	N/m^2	Schubspannung
η	Pa*s	Dynamische Viskosität
$\dot{\gamma}$	1/s	Schergeschwindigkeit
λ	10^{-9}m	Wellenlänge
ν	m^2/s	Kinematische Viskosität
ρ	kg/m^3	Dichte
σ	Nm/m^2	Oberflächenspannung
θ	rad	Kontaktwinkel
ω	rad/s	Winkelgeschwindigkeit
F	N	Kraft
h_{RS}	m	Rakel-Substrat-Abstand
h_S	m	Schichthöhe
M	Nm	Moment
m	g	Masse
n	mol	Stoffmenge
p	Pa	Druck
R_E	-	Reynoldszahl
$R_{E,Krit}$	-	kritische Reynoldszahl
T	K	Temperatur
v_0	m/s	Vorschub
W	Nm	Arbeit
W_a	Nm/m^2	Adhäsionsarbeit

Abkürzungen

AlginatL	Alginate with low viscosity
AlginatM	Alginate with medium viscosity

ALP	Alkalische Phospatase
aP2	Adipocyte fatty acid-binding protein
ASC	Adipose-derived stem cells
BMSC	Bone marrow-derived stem cells
Ca^{2+}	Kalzium
$CaCl_2$	Kalziumchlorid
CAD	Computer-aided design
CAM	Computer-aided manufacturing
cDNA	Komplementäre Desoxyribonukleinsäure
CIJ	Continuous ink-jet
CO_2	Kohlenstoffdioxid
CX-43	Connexin-43
DNA	Desoxyribonukleinsäure
DMSO	Dimethylsulfoxid
DOD	Drop on demand
DRL	Dynamic release layer
ECFC	Endothelial colony forming cells
EDTA	Ethylendiamintetraessigsäure
EZM	Extrazelluläre Matrix
GAPDH	Glycerinaldehyd-3-Phosphat-Dehydrogenase
GUI	Grafical user interface
HA	Hyaluronsäure
HaCaT	Human adult low calcium high temperature keratinocytes
HE	Hämatoxylin Eosin
KTP	Kaliumtinaylphosphat
LIFT	Laser induced forward transfer
LPL	Lipoprotein Lipase
LY	Luzifer Yellow
MAPLE-DW	Matrix assisted pulse laser evaporation direct write
µJ	Mikrojoule
µl	Mikroliter
µm	Mikrometer
mg	Milligramm
mPa	Millipascal
mRNA	Messenger-Ribonukleinsäure
NaCL	Natriumchlorid
$NaHCO_3$	Natriumhydrogencarbonat
Nd:YAG	Neodymdotierten Yttrium-Aluminium-Granat

NIH3T3	Embryonic fibroblast
ns	Nanosekunden
PDGF	Platelet derived growth factor
PL	Phopholipid
PLD	Pulsed laser deposition
PPAR-γ2	Peroxisom-Proliferator-aktivierte Rezeptor Gamma-Isoform 2
RT-PCR	Reverse Transkriptase-Polymerase-Kettenreaktion
SD	Standard Deviation (deutsch: Standardabweichung)
SEM	Standard error of mean (deutsch: Standardfehler)
sGAG	Sulfatierte Glycosaminoglycane
TE	Tissue Engineering
TEM_{00}	Transversal Mode
TRIS	Tris(hydroxymethyl)-aminomethan
TTL	Transistor-Transistor-Logik
VEGF	Vascular endothelial growth factor
vt%	Volumenprozent
wt%	Massenprozent

1 Einleitung

1.1 Klinische Motivation

Mit der regenerativen Medizin verbindet sich die Hoffnung, eines Tages Gewebe- und Organleiden mit patienteneigenen Zellen heilen zu können.
Ihre Ursprünge gehen zurück auf Ross Harrison [1], der 1907 erstmalig *ex-vivo*[1]-Untersuchungen an freigelegten embryonalen Nervenfasern durchgeführt hat und somit den Grundstein für die moderne *in-vitro*[2]-Zellkultur legte.
In den 50er und 60er Jahren wurden erste Versuche unternommen, lebendes Gewebe *in vitro* technisch zu erzeugen und den Gewebeentwicklungsprozess mit Hilfe thermodynamischer Ansätze zu dokumentieren [2]. Bereits in diesen frühen Arbeiten wurde versucht, interdisziplinär mit Methoden aus der Biologie, Medizin, Physik, Chemie und dem Ingenieurswesen "tissue reconstructions“ [2] künstlich herzustellen [3–5]. Basierend auf diesen anfänglichen interdisziplinären Arbeiten führten die ersten *in vitro* hergestellten und erfolgreich *in vivo* eingesetzten Gewebekonstrukte [6, 7] Anfang der 80er Jahre zu der Namensgebung dieses Forschungsbereiches, dem sogenannten **Tissue Engineering** (Kurzform: TE).
Das "Tissue Engineering ist ein interdisziplinäres Forschungsgebiet, welches Grundlagen des Ingenieurwesens und der Biowissenschaften vereint und für die Herstellung biologischer Implantate einsetzt, die Gewebefunktionen erneuern, bewahren oder verbessern sollen“ (deutsche Übersetzung aus [8]).
Der klassische TE-Ansatz, um künstliches Gewebe herzustellen, ist die Aussiedlung von Zellen in einem festen und porösen Zellträger, einem sogenannten Scaffold. Mit scaffoldbasierten TE-Ansätzen konnten in den letzten Jahren zahlreiche klinische Gewebeersatztherapien erfolgreich umgesetzt werden, die zwar nicht die Funktionalität von natürlichem Gewebe wiederherstellen konnten, aber durch deren Einsatz die Lebensqualität der Patienten deutlich verbessert wurde. So konnten insbesondere bei der Behandlung von Haut-, Knorpel-, Knochen- und Blasenleiden [9, 10] sehr bemerkenswerte klinische Erfolge mit scaffold-basierten Therapien erzielt werden.
Trotz dieser Erfolge gibt es einige Limitierungen von Scaffold-Ansätzen bei der Herstellung von Geweben, wie z.B. dass

1. natürliches Gewebe aus unterschiedlichen Zelltypen besteht, die innerhalb des dreidimensionalen Gewebes spezifisch angeordnet sind. Diese dreidimensionale Zellverteilung ist innerhalb eines Scaffolds kaum zu realisieren [10].

2. die Besiedelung und das Einwachsen der Zellen in die poröse Scaffoldstruktur nicht effektiv realisiert werden kann, wodurch die Zelldichte innerhalb des Scaffolds sehr gering ist und somit das hergestellte Gewebe *in vitro* Monate zur Ausreifung benötigt [11].

[1] außerhalb des lebenden Organismus
[2] im Reagenzglas

Durch die Limitierungen dieses Ansatzes ist es kaum möglich, auch nur „einfaches“ [12] Gewebe, wie z.B. Knorpelgewebe, naturgetreu herzustellen. Dies liegt zu einem großen Teil an dem komplexen heterogen zonalen Aufbau (vgl. Abb. 1.1) von natürlichem Gelenkknorpel, denn ein Scaffold mit homogener Materialzusammensetzung (z.B. gleichbleibende Collagenkonzentration) und homogener Zellverteilung stellt noch keinen adäquaten Ersatz für ein derart komplexes heterogenes Gefüge wie Gelenkknorpel dar.

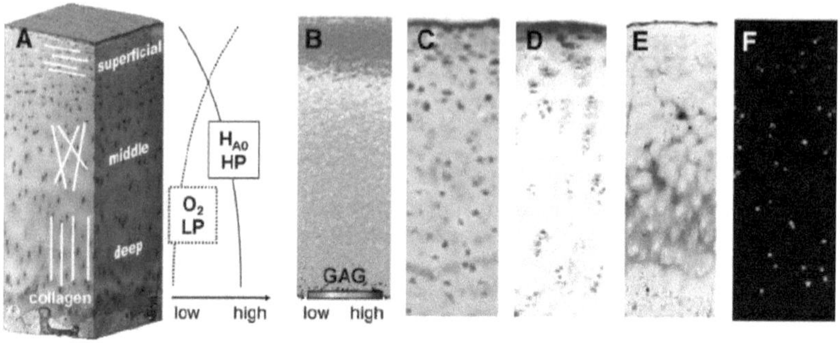

Abbildung 1.1: Aufbau von natürlichem Gelenkknorpel mit zonaler Variation aus [13]

Aus diesem Grund versucht man mit aktuellen TE-Methoden bei der Geweberekonstruktion sowohl die Zellverteilung als auch die direkte Zellumgebung, die sogenannte extrazelluläre Matrix (Kurzform: EZM), möglichst naturgetreu nachzuahmen. Die Hoffnung bei diesem Ansatz ist, dass durch die technische Nachahmung des natürlichen Gewebegefüges den verwendeten Zellen extra- und intrazelluläre Signale vorgegeben werden können, denen sie auch in ihrer gewebespezifischen *in-vivo*-Umgebung ausgesetzt sind. Dadurch kann das gewebespezifische Verhalten von Zellen auch *in vitro* erhalten werden, welches letztendlich die Funktionalität von natürlichen Gewebe ausmacht [10].
Bereits die Komplexität von „einfachem“ natürlichem Knorpelgewebe machte es notwendig, technische Methoden zu entwickeln, die das gesteuerte Anordnen unterschiedlicher Zellen und ihrer EZM in einem „Bottom-up“[3] Prozess ermöglichen. Da Zellen sich in einer flüssigen Umgebung befinden, wurden Anfang des 21. Jahrhunderts Drucksysteme für den Einsatz im TE-Bereich adaptiert.
Ziel dieses TE-Ansatzes ist es, lebende Zellen computergesteuert zweidimensional anzuordnen sowie durch den Einsatz von vernetzbaren[4] Fluiden dreidimensionale Freiform-Geometrien schichtweise herzustellen und somit Geweberekonstruktionen beliebiger Komplexität aus patienteneigenen Zellen zu erzeugen. Hiermit verbindet sich die Hoffnung, auch die Funktionalität von natürlichen Geweben wiederherzustellen, was mit derzeitigen scaffold-basierten Therapien nicht möglich ist.
Im Rahmen dieser Arbeit wurde daher ein laserbasiertes Drucksystem, das auf dem Laserinduzierten Vorwärtstransfers basiert, aufgebaut und eruiert, welches das schädigungsfreie Drucken von lebenden Zellen ermöglicht.

[3] Schrittweise Aufbauen von unten nach oben
[4] Übergang einer flüssigen in eine semi-feste Phase

2 Stand der Wissenschaft und Technik

2.1 Drucksysteme für biologische Materialien

Der Begriff „Druckverfahren“, im Sinne eines Reproduktionsverfahrens, wurde maßgeblich Mitte des 15. Jahrhunderts von Johannes Gutenberg geprägt. Gutenberg verstand es existierende Techniken wie die Spindelpresse und das Handgußverfahren in einem Produktionsprozess zusammenzuführen, der die maschinelle Wiedergabe von Druckbildern mit gleich bleibender Qualität ermöglichte und den Buchdruck revolutionierte. Das Bemerkenswerte an seiner Erfindung war, dass er viele unterschiedliche Einzelkomponenten zu einem Gesamtsystem vereinte, was innerhalb weniger Jahrzehnte zu der massenhaften Verbreitung dieses maschinellen Drucksystems führte und von dem sich auch heute noch der Begriff „Drucker“ ableitet.
Heutige Drucksysteme sind elektromechanische Geräte, die digitale Information in nutzbarer physikalischer Form ausgeben. Seit der Einführung von kommerziell erhältlichen Heimcomputern Anfang der 80er Jahre sind Drucker aus dem alltäglichen Leben nicht mehr wegzudenken. Generell werden Drucker nach dem Verfahren eingeteilt, mit dem sie digitale Information auf einem physikalischen Träger wiedergeben. Man unterscheidet zwischen:

1. Druckverfahren mit Medienberührung z.B. Nadeldrucker und Laserdrucker

2. Druckverfahren ohne Medienberührung z.B. Tintenstrahl

Zu den bekanntesten Druckverfahren mit Medienberührung gehört der Nadeldrucker. Bei diesem Drucker werden einzeln ansteuerbare Nadeln durch ein Farbband auf das Papier geschlagen und durch den mechanischen Druck wird die Farbwiedergabe auf dem Papier erzielt.
Druckverfahren ohne Medienberührung wie der Tintenstrahldrucker spritzen ein definiertes Tropfenvolumen berührungsfrei auf das Papier, wo es antrocknet und so das Druckbild erzeugt.
Waren diese Drucksysteme noch auf die zweidimensionale Wiedergabe von digitalen Informationen begrenzt, führte die Möglichkeit, definierte Volumen aushärtbarer Fluide computergesteuert zu übertragen, zu dem Einsatz von Drucksystemen in der Fertigungstechnik. Da bei diesem Prozess Material schrittweise hinzugefügt wird, gehört es zu der Gruppe der additiven Fertigungsverfahren und durch die einfache Einbindung in vorhandene CAD/CAM-Systeme[1] wurden diese Verfahren als „Rapid Prototyping“ (schneller Prototypenbau) bekannt.
Diese dreidimensionale Freiform-Erzeugung von 3D-CAD-Modellen fand Anwendung in vielen Bereichen der Fertigungstechnik, wie der Prototypenentwicklung sowie der Werkzeug-

[1] CAD = Computer-aided Design ; CAM = Computer-aided manufacturing

und Endprodukterzeugung und gegen Ende der 90er Jahre in der Medizin, wo erstmalig gedruckte 3D-Strukturen als mechanische Träger für lebende Zellen eingesetzt wurden [14]. Die Zellbesiedlung dieser 3D-Gerüststrukturen (auch Scaffolds genannt) erfolgte meist per Hand oder mittels Durchflussverfahren, die den Scaffold über einen längeren Zeitraum mit Zellsuspension umspülten. Diese Besiedlungsmethoden sind nur schwer zu kontrollieren und bieten keine Möglichkeit, unterschiedliche Zellen gesteuert innerhalb des Scaffolds zu platzieren.
Die Limitierung von 3D-Druckern, ausschließlich auf die Erstellung von 3D-Gerüststrukturen begrenzt zu sein, führte Anfang des 21. Jahrhunderts zu dem nächsten logischen Entwicklungsschritt: Drucksysteme, die 3D-Modelle aus lebenden Organismen zusammen mit der Trägerstruktur in einem Schritt erzeugen.
Erstmalig wurde ein technischer Prozess, lebende Zellen zu „drucken", von Odde et al. [15] im Jahr 2000 vorgestellt. Hierbei wurde das Prinzip einer optischen Pinzette genutzt, um neuronale Zellen durch eine Hohlfaser auf ein Glassubstrat mikrometergenau zu übertragen. Nach dieser ersten Machbarkeitsstudie wurde eine Vielzahl unterschiedlicher technischer Prozesse adaptiert, um lebende Organismen computergesteuert zu übertragen. Eine neue Verfahrensklasse wurde vorgestellt, das sogenannte „Bioprinting".
Bioprinting wurde von Mironov et al. [16] definiert als „...the use of material transfer processes for patterning and assembling biologically relevant materials-molecules, cells, tissues, and biodegradable biomaterials-with a prescribed organization to accomplish one or more biological functions.". Technische Verfahren, die erfolgreich hierfür eingesetzt wurden, sind beispielsweise Verfahren aus der Mikrofluidik oder Techniken wie die 2-Photonen-Polymerisation, Laserbasierte Drucker, Tintenstrahldrucker und Extruder. Der Einsatz dieser vielfältigen Bioprinting-Verfahren geht einher mit dem großen Bereich unterschiedlicher biologischer Applikationen, die von der Erzeugung einzelner fokaler Adhäsionspunkte für Zellen bis hin zur drucktechnischen Erstellung vollständiger Organe reichen.
Alle technischen Prozesse, die die beschriebenen „Bioprinting"-Vorgaben erfüllen, werden unter dem Oberbegriff „Bioprinter" zusammengefasst. Aufgrund der Vielfalt unterschiedlicher Techniken werden im Rahmen dieser Arbeit allerdings nur die drei Bioprint-Technologien vorgestellt, die seit der ersten Machbarkeitsstudie von Odde et al. [15] vermehrt für das berührungslose Drucken von lebenden Organismen, dem Fokus dieser Arbeit, eingesetzt wurden.

2.1.1 Tintenstrahldrucker

Tintenstrahldrucker wurden im Rahmen dieser Arbeit nach dem Prinzip der Tropfenentstehung (vgl. Abb. 2.1) eingeteilt. Man unterscheidet zwischen kontinuierlicher („continuous") und der gesteuerten Tropfenentstehung („drop-on-demand").

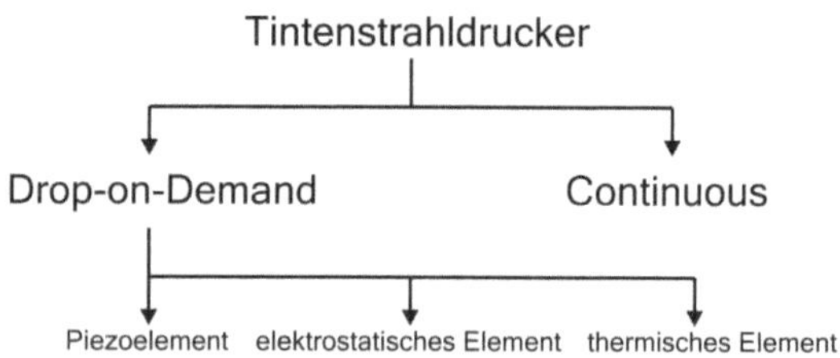

Abbildung 2.1: Klassifizierung von Tintenstrahldruckern

Bei **C**(ontinuous) **I**(nk)-**J**(et)-Druckern (vgl. Abb. 2.2) wird ein kontinuierlicher Flüssigkeitsstrahl kurz hinter der Austrittsdüse erzeugt. Dies wird dadurch erreicht, dass eine Flüssigkeit gegen eine runde Düsenöffnung gedrückt wird und sich ein zylindrischer Flüssigkeitsstrahl ausbildet, der ab einer kritischen Länge, aufgrund der Oberflächenspannung[2] des Fluides, in einzelne Tropfen zerfällt.
Dieser Tropfenzerfall wurde erstmalig 1873 von Joseph Plateau experimentell nachgewiesen [17] und basierend auf seiner Arbeit von Lord Rayleigh 1878 theoretisch beschrieben [18]. Das Phänomen wurde in den Folgejahren als Rayleigh-Plateau-Instabilität bekannt und bildet die Grundlage, auf der heutige CIJ-Drucker basieren.

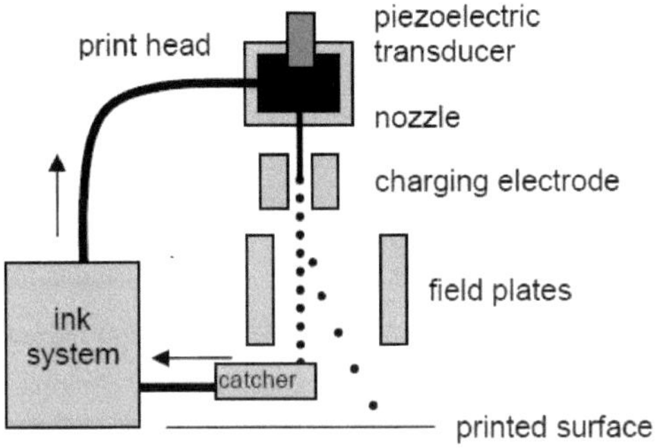

Abbildung 2.2: Prinzip des kontinuierlichen Tintenstrahldruckers aus [19]

Das Aufbrechen des Tintenstrahls in einzelne Tropfen kann über das Aufbringen einer Schwingung mit geeigneter Frequenz (z.B. durch ein Piezoelement) gesteuert werden. Hierbei entsteht eine Folge von Einzeltropfen mit definiertem Volumen und Abstand. Diese Folge von Tropfen passiert kurz darauf eine Ladeelektrode, von der die Einzeltropfen unterschiedlich stark aufgeladen werden. Die unterschiedliche Ladung der Einzeltropfen führt beim Passieren eines elektrischen Feldes zu einer Ablenkung, die von der Ladungsstärke der Tropfen abhängt. Das Druckbild wird durch das schnelle Schalten der Ladeelektrode und der damit korrespondierenden Ablenkung der Tintentropfen sowie der translatorischen Bewegung des Druckkopfes erzielt. Nicht geladene Tropfen werden durch eine Blende aufgefangen und dem Druckprozess wieder zugeführt.
CIJ-Drucker zeichen sich durch hohe Druckgeschwindigkeiten aus, was zu der weiten Verbreitung von CIJ-Systemen in der Industrie, z.B. für die Produktkennzeichnung, führte. Für das Drucken von lebenden Organismen ist diese Drucktechnik jedoch nicht geeignet, da Zellen durch den kontinuierlichen Prozess sowie die elektrischen Ladungen zu stark beschädigt werden würden.[20]
Bei **D**(rop)-**o**(n)-**D**(emand)-Druckern werden, im Unterschied zum CIJ-Druckern, Tropfen nur nach Bedarf erzeugt. Hierbei werden DOD-Drucker zusätzlich noch nach dem technische Prinzip unterteilt, mit dem die Tropfen gesteuert ausgestoßen werden (vgl. Abb. 2.3). Der Druck vor der Austrittsdüse wird dabei entweder *elektrothermisch* (Abb. 2.3A) oder *elektromechanisch* (Abb. 2.3B und C) erzeugt.

[2]an der Oberfläche flüssiger Phasen wirkende Kraft

2.1.2 Spritzendrucker

Spritzendrucker werden in der Medizintechnik seit Ende der 90er Jahre verstärkt für die Scaffoldherstellung eingesetzt [14]. Diese Systeme gehören zu der Gruppe von Rapid Prototype-Verfahren, die fluide Materialien für die gesteuerte Herstellung von 3D-Geometrien nutzen. Durch ihre zylindrische Düsengeometrie sind sie in der Lage, flüssige [31] bis hochviskose [32] Materialien zu verarbeiten. Dieser Vorteil führte im letzten Jahrzehnt zu der weiten Verbreitung dieser Drucktechnik in der Herstellung von Weich- und Hartgewebeimplantaten [33]. Kurze Zeit nach der ersten erfolgreichen Übertragung von lebenden Zellen mit Tintenstrahldruckern wurden auch Spritzendrucker umgerüstet, um fluide Materialien mit eingebetteten lebenden Zellen in einem Arbeitsschritt drucken zu können [26, 34, 35]. Im Unterschied zu den Bioprintern, die auf Tintenstrahltechnik basieren, wird bei Spritzendrucksystemen das biologische Material kontinuierlich als Strang ausgetrieben. Die drei gängigsten Verfahren sind in Abb. 2.5 dargestellt und werden wie DOD-Bioprinter nach dem Verfahren ihrer Druckerzeugung eingeteilt. Man unterscheidet zwischen Luftdruck-, Schnecken- und Kolbenauslegung.

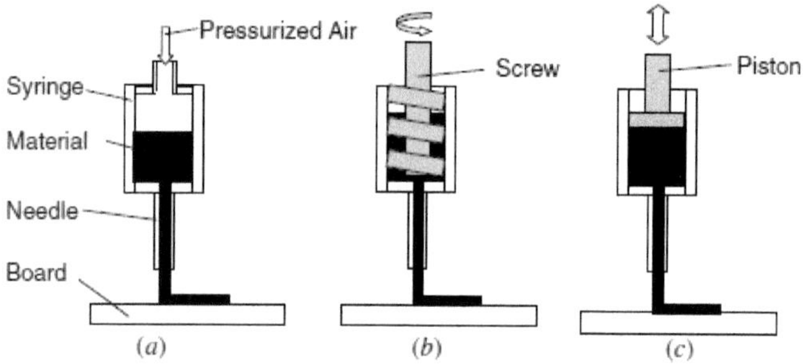

Abbildung 2.5: Mechanische Druckerzeugung bei Spritzensystemen : (a) Luftdruck, (b) Schnecken-/Schraubförderer und (c) Kolben aus [36]

Die Druckerzeugung mittels Luft (vgl. Abb. 2.5(a)) ist das am meisten eingesetzte Verfahren, da durch den Einsatz von Sterilfiltern die Kontamination des biologischen Materials vermieden wird und man nur einen Kompressor für den Einsatz von mehreren Spritzen benötigt, was die Steuerung und die Baugröße durch den Einsatz von Mehrfachventilen wesentlich vereinfacht. Der Nachteil dieser Bauform ist, dass durch die Viskosität des Fluides und die Kompressibilität von Luft die Menge des ausgetriebenen Fluides stark beeinflusst wird, was sich negativ auf die Druckgenauigkeit auswirkt. Wesentlich höhere Druckgenauigkeiten lassen sich mit Schraub- und Kolbenförderern (Abb. 2.5(b) und (c)) realisieren, da bei diesen Auslegungen die Materialmenge sehr genau über die Stellung des Gewindeganges bzw. den Kolbenhub eingestellt werden kann. Jedoch ist die Steuerung der Stellantriebe und der Einsatz von mehreren Spritzen wesentlich aufwendiger, als bei der Kompressor-getriebenen Bauform.
Der Vorteil dieser Systeme, im Vergleich zu DOD-Bioprintern, ist der große Bereich unterschiedlicher viskoser Fluide, die eingesetzt werden können, und dass durch die zylindrische Düsengeometrie beliebig hohe Zelldichten schädigungsfrei gedruckt werden können. Dies ermöglicht das Drucken von großvolumigen Zellkonstrukten mit frei einstellbarer Zelldichte und

Gelsteifigkeit. Der Nachteil im Vergleich zu DOD-Bioprintern ist ihre geringe Druckgenauigkeit. Üblicherweise werden Düsenöffnungen mit einem Druchmesser von 100 μm bis 400 μm eingesetzt, was gleichzeitig die Größe der gedruckten Linie vorgibt.
Neueste Entwicklungen [37] setzen deshalb auf den parallelen Einsatz von DOD-Druck- und Spritzköpfen in einem System, was die Vorteile beider Drucksysteme vereint: (1) Großvolumige Zellstrukturen mit einstellbarer Festigkeit und (2) das Einbinden von Mikrometer genauer Zellplatzierung innerhalb der Hauptstruktur.
Problematisch ist bei allen Bioprintern, die das biologische Material mit Druck aus einer Düsenöffnung pressen, dass lebende Zellen sehr empfindlich auf Scherkräfte reagieren und deshalb die Überlebensrate der Zellen sehr stark von den eingesetzten Zelltypen und Fluiden abhängig ist [38].
Diese Problematik wurde durch die Weiterentwicklung eines düsenfreien Lasertransferverfahrens adressiert, was im Folgenden vorgestellt wird.

2.1.3 Lasertransfer-Drucksysteme

Alan Douglas Brisbane beschrieb 1971 in einem US-Patent erstmalig die Möglichkeit, mit einem Laser kontaktlos Metalle zu übertragen [39]. Es dauerte jedoch 15 Jahre, bis Bohandy et al. 1986 mittels eines Lasers den Übertrag von Kupfer praktisch nachweisen konnten [40]. Dieser Aufbau (vgl. Abb. 2.6) bestand aus einem Eximerlaser, einer Vakuumkammer, einem mit Kupfer beschichteten Glasträger (*Donor*) und einem unbeschichteten Glasträger (*Kollektor*), der in unmittelbarer Nähe zu dem *Donor* platziert wurde. Der Metallübertrag wurde dadurch erzielt, dass der Laserpuls einen Teil der Kupferschicht im Bereich des Fokus schmolz und sich die Kupferschmelze auf dem darunter liegenden *Kollektor* niederschlug. Dieselbe Arbeitsgruppe zeigte ein Jahr später mit einem Nd:YAG-Laser neben Kupfer auch den Übertrag von Silber und prägte mit dieser Publikation den Namen der Technik, den laserinduzierten Vorwärtstransfer (Kurzform: **LIFT**) [41].
Da dieses Transferverfahren auf den Einsatz von Hochvakuum angelegt war, wurde es in den Folgejahren nur vereinzelt von Forschungsgruppen eingesetzt. Erst der Nachweis von Schultze et al. 1991, die den Übertrag von Aluminium unter Standardbedingungen zeigen konnten, läutete eine starke Verbreitung dieser laserbasierten Transfertechnik ein [42]. Es wurden in den folgenden Jahren diverse unterschiedliche Metalle, z.B. Gold, Titan, Wolfram und Chrom, sowie Oxidverbindungen wie Indium(III)-Oxid oder Aluminiumoxid erfolgreich übertragen [43].
Der zugrunde liegende Übertragungsmechanismus läuft wie folgt ab: Zuerst wird der fokussierte Laserstrahl an der Grenzfläche zwischen dem Trägerglas und dem Metall absorbiert. Der rapide Energieeintrag führt zu einer Aufheizung des Metallbereiches und der Ausbildung einer Schmelzfront, die durch das Material propagiert. Im weiteren Verlauf wird der Siedepunkt des Materiales an der Donor-Grenzfläche zwischen Glas und Metall überschritten und es kommt zu der Entstehung einer Gasblase, welche das aufgeschmolzene Material in Richtung des *Kollektors* austreibt. Dieses Verfahren ist geeignet, um anorganische Materialien zu übertragen, die ohne negative Gefügeänderungen schmelzen und wieder erstarren können. Organische Materialien, wie beispielsweise DNA, Proteine oder Zellen, würden durch den massiven Wärmeeintrag irreversibel geschädigt werden.
Eine Möglichkeit, thermisch empfindliches Material vor dem Wärmeeintrag zu schützen, wurde erstmalig 1993 von Tolbert et al. mittels eines *Dynamic Release Layer* (**DRL**) beschrieben [44]. Bei dieser Abwandlung des LIFT-Verfahrens wird das Übertragungsmaterial auf einer Zwischenschicht aufgebracht, welche die einfallenden Laserpulse absorbiert und so-

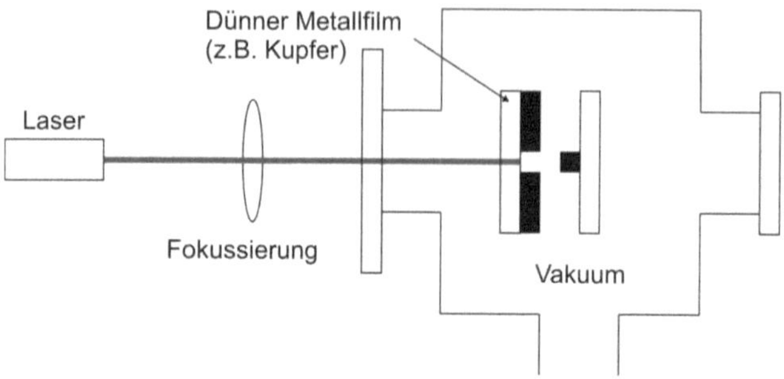

Abbildung 2.6: Schematische Darstellung des Lasertransfers von Metallen nach [40]

mit das thermisch empfindliche Übertragungsmaterial schützt. Als Dynamic Release Layer kommt generell jedes Material in Frage, das für die Wellenlänge des genutzten Lasersystems hochabsorbierend ist und als homogene Schicht auf einem für die Wellenlänge transparenten Substrat aufgetragen werden kann. Durch diese Absorptionsschichten konnten somit auch erstmalig Materialien übertragen werden, die (1) thermisch irreversibel geschädigt werden und (2) für die genutzte Laserwellenlänge transparent sind. Es entwickelten sich gegen Ende der 90er Jahre diverse Verfahren, welche sich hauptsächlich durch die unterschiedlichen Absorptionsmaterialien und ihr dadurch bedingtes Übertragunsverhalten unterscheiden [45]. So wurden als Absorptionsmaterialien Metalle, z.B. Gold und Titan [46], Polymere [47] und organische Binder [48] eingesetzt, um organische Materialien kontaktlos zu übertragen.
Da das in dieser Arbeit entwickelte biologische Drucksystem auf dem Laserinduzierten Vorwärtstransfer mit metallischen Dynamic Release Layern basiert, wird in den beiden folgenden Kapiteln detaillierter auf LIFT-Verfahren eingegangen, die in den letzten Jahren für das Drucken von lebenden Zellen eingesetzt wurden.

MAPLE-DW

MAPLE-DW ist die Kurzform von *Matrix Assisted Pulsed Laser Evaporation Direct Write*. Dieses Verfahren basiert auf dem Beschichtungsverfahren PLD[7], die Direct Write-Abwandlung wurde im Jahr 2000 von D.B. Chrisey erstmalig vorgestellt [49]. MAPLE-DW stellt letztlich eine Sonderform des Laserinduzierten Vorwärtstransfers mit Dynamic Release Layern (im Folgenden LIFT-DRL-Verfahren genannt) dar, welches im folgenden Abschnitt erläutert wird. Im Unterschied zu den gängigen LIFT-DRL-Verfahren, bei denen das zu druckende Material auf festen Metall- oder Polymer-Absorptionsschichten aufgebracht ist, wird beim MAPLE-DW das zu druckende Material in Pulverform in einer organischen Schicht eingebettet. Die organischen Binder erfüllen hierbei den Zweck, die einfallende Laserstrahlung zu absorbieren und so das eingebettete Pulvermaterial vor der Wärmeeinwirkung zu schützen.
Der Aufbau von MAPLE-DW (vgl. Abb. 2.7) ist praktisch identisch mit anderen LIFT-DRL-Verfahren. Er besteht aus einem gepulsten Laser (üblicherweise Excimerlaser), einem Donor-Glasträger, der für die Laserstrahlung transparent ist und das zu druckende Material trägt,

[7]Pulsed Laser Deposition

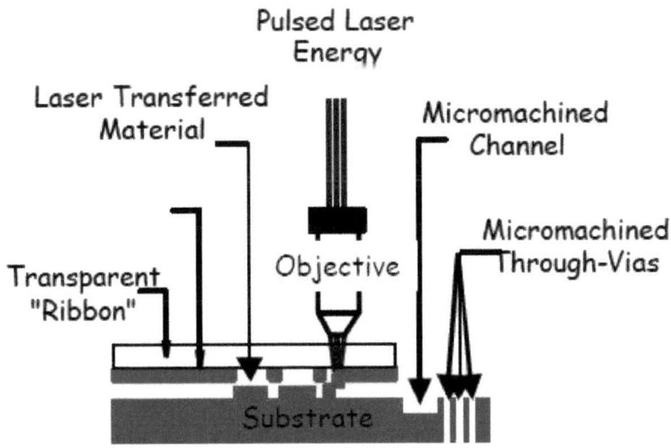

Abbildung 2.7: Schematische Darstellung des MAPLE-DW Verfahrens aus [50]

sowie einem *Kollektor*, der in unmittelbarer Nähe (0 µm bis 1000 µm) zu dem *Donor* positioniert wird. Der Materialübertrag wird dadurch erzeugt, dass der Laserpuls auf die Grenzfläche zwischen dem Übertragungsmaterial und der Glasschicht fokussiert wird. Der rapide Energieeintrag verdampft den organischen Binder und der Dampfdruck treibt das eingebettete Pulvermaterial zum *Kollektor* hin aus.
Mittels dieses Druckverfahrens konnten diverse pulverförmige Materialien in Pasten- oder Festform, wie z.B. Silber, $BaTiO_3$, $SrTiO_3$ oder $Y_3Fe_5O_{12}$, erfolgreich gedruckt werden [51]. Durch die Matrixeinbettung der Partikel wurde es zudem auch möglich, thermisch empfindliche organische Materialien wie DNA, Proteine und lebende Zellen zu übertragen.
Die Möglichkeit, biologische Fluide und lebende Zellen mit diesem Verfahren zu drucken, wurde erstmalig von D.B. Chrisey 2000 [52] theoretisch beschrieben und ein Jahr später von derselben Arbeitsgruppe durch den schädigungsfreien Druck von CHO-Zellen[8] praktisch gezeigt [53]. Diese Veröffentlichung legte den Grundstein für kontaktlose laserbasierte biologische Drucksysteme. In den nächsten Jahren wurde mittels MAPLE-DW eine Vielzahl unterschiedlicher Zelllinien und Stammzellen schädigungsfrei gedruckt [54–57].
Mit der ursprünglichen Definition von MAPLE-DW hat das Zelldrucken jedoch nichts mehr gemein, da die Zellen nicht in einer Matrix eingebettet werden, sondern auf einer Hydrogelschicht aufliegen und an dieser haften, wie in Abb. 2.8 dargestellt wird.
Aus diesem Grund stellt das Zellendrucken per MAPLE-DW kein eigenes Verfahren mehr dar, sondern zählt zu den LIFT-Verfahren mit einem Fluid Dynamic Release Layer.

LIFT-DRL

Der grundlegende Aufbau des laserinduzierten Vorwärtstransfers mit Dynamic Release Layern (LIFT-DRL) ist in Abb. 2.9 dargestellt und besteht aus drei Hauptkomponenten: (1) einem gepulsten Lasersystem, (2) einem Glasträger (*Donor*), der mit einer laserenergie-absorbieren-

[8] Chinese Hamster Ovaries sind Zellen aus dem Eierstock eines Hamsters

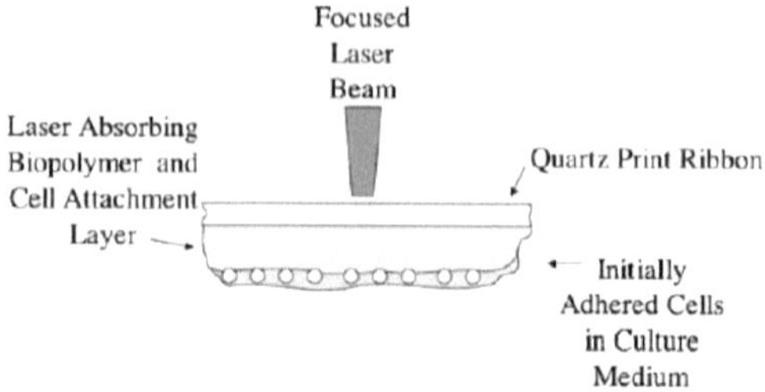

Abbildung 2.8: Schematische Darstellung des MAPLE-DW Verfahrens für das Drucken von lebenden Zellen aus [58]

den Schicht und dem biologischen Material, z.B. einer Zellsuspension, beschichtet ist, sowie (3) einem weiteren Glasträger (*Kollektor*), auf dem sich das gedruckte Material niederschlägt.

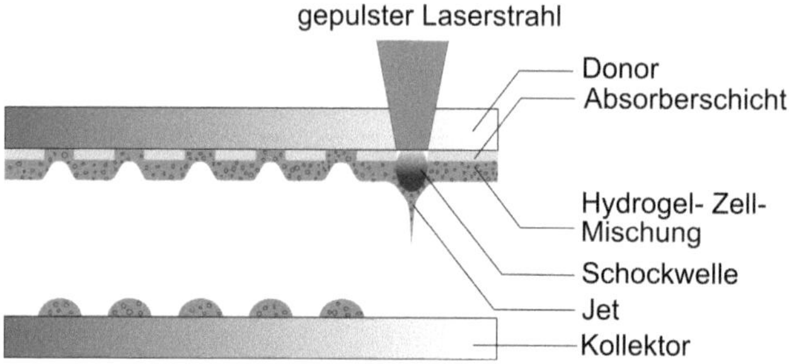

Abbildung 2.9: Schematische Darstellung des Laserinduzierten Vorwärtstransfers mit Dynamic Release Layern

Unterschieden werden LIFT-DRL-Verfahren nach dem Material der Absorptionsschicht (im Folgenden *Absorber* genannt), welches sich nach dem eingesetzten Lasersystem richtet. Überwiegend kommen bei Nd:YAG-Lasern metallische Absorber wie z.B. Gold, Titan und Silber und bei Excimerlasern polymere Absorber wie z.B. Polyimid zum Einsatz. Bei allen Verfahren ist der Übertragungsprozess der biologischen Flüssigkeiten gleich (vgl. Abb. 2.9). Der Laserpuls wird auf die Grenzfläche zwischen Glas und Absorbermaterial fokussiert. Dies führt zum Verdampfen der Goldschicht und eine Dampfblase dehnt sich aus, die die Fluidschicht ausbeult. Das Kollabieren der Dampfblase und die Massenträgheit des beschleunigten Fluides führen zu der Entstehung eines Jets, der die Flüssigkeit vom *Donor* zum *Kollektor* „fließen“ lässt. Diese Fluiddynamik wird eingehender im Kapitel 6.1 beschrieben.

Für jeden gedruckten Pixel bzw. übertragenen Flüssigkeitstropfen wird ein neuer Teil der Absorberschicht durch einen Laserpuls verdampft und durch das Verfahren des Lasers relativ zu *Donor* und *Kollektor* wird das Druckbild auf dem *Kollektor* erzeugt. Hierbei entspricht ein Laserpuls einem gedruckten Pixel und die Druckgeschwindigkeit (Tropfen pro Sekunde) wird somit ausschließlich durch die Repetitionsrate des Lasersystems bestimmt.

Jüngste Weiterentwicklungen des LIFT-DRL-Verfahrens nutzen 4 bis 6 µm dicke Polyimidschichten als Absorber und Lasersysteme, die im UV-Bereich emittieren. Durch die geringe Absorptionstiefe der UV-Laserstrahlung (ca. 0,75 µm in Polyimid [59]) wird nur ein geringer Teil der Absorberschicht verdampft und die Restschicht durch den entstehenden Dampfdruck ohne zu reißen ausgebeult. Dieses schnelle Ausbeulen der Absorberschicht beschleunigt das darüber liegende Fluid und es entsteht, ähnlich wie bei anderen LIFT-DRL-Verfahren, ein Fluidjet, der das Material von dem *Donor* zu dem *Kollektor* „fließen" lässt. Das Bemerkenswerte an dieser technischen Abwandlung ist, dass das Fluid rein mechanisch übertragen wird und somit weder durch die Laserstrahlung noch durch Kontamination mit Ablationspartikeln der Absorberschicht beeinflusst wird, was insbesondere für das Drucken von lebenden Zellen eine Alternative zu herkömmlichen LIFT-DRL-Verfahren darstellt. Dieses Verfahren wurde allerdings erst kürzlich vorgestellt und noch nicht für das Drucken von Zellen eingesetzt, weswegen an dieser Stelle auf weiterführende Literatur verwiesen wird [60, 61].
In den vergangenden Jahren konnte mit LIFT-DRL-Verfahren gezeigt werden, dass

1. Piko- bis Nanoliter-Volumen diverser Fluide mit unterschiedlichen rheologischen Eigenschaften kontrolliert gedruckt werden können [62–64],

2. beliebige Zellzahlen pro Tropfen, von einzelnen bis dutzenden Zellen, schädigungsfrei gedruckt werden können [56, 65],

3. Druckgeschwindigkeiten (Tropfen pro Sekunde) fast ausschließlich durch die Repetitionrate des verwendeten Lasersystems limitiert werden [64].

Die Flexibilität von LIFT-DRL-Verfahren spiegelt sich in den unterschiedlichen biologischen Applikationen wieder, für die dieses Druckverfahren in den letzten Jahren eingesetzt wurde. So konnten mittels LIFT-DRL-Verfahren einzelne [66] und mehrere unterschiedliche Zelltypen [67] Mikrometer-genau gedruckt werden, was neue Erkenntnisse über Zell-Zell- und Zell-Umgebungs-Interaktion ermöglicht. Neben dem Präzisionsdruck von Zellen sind aber auch großflächige Geometrien mit frei einstellbaren Zelldichten [58, 64, 65] realisierbar, was kombiniert mit der Nutzung vernetzbarer Fluide die computergesteuerte Erzeugung vollständiger Gewebegefüge ermöglicht, die z.B. in der Arzneimittelentwicklung aufwendige und ethisch bedenkliche Tierversuche ersetzen könnten.
Der weite Bereich von unterschiedlichen Auflösungen, die mit einer Drucktechnik realisiert werden können, ist ein Vorteil dieses laserbasierten Verfahrens. Würde man einen ähnlichen Bereich mit Tintenstrahldruckern und Spritzendruckern abdecken wollen, müsste man eine Kombination beider Systeme in einem technischen Aufbau realisieren. Ein weiterer Vorteil ist der düsenfreie Transfer von lebenden Zellen über den Fluidjet. Hierdurch werden Zellen nicht durch Scherkräfte am Düsenaustritt geschädigt und es können beliebig hohe Zelldichten gedruckt werden. Ein Nachteil im Vergleich zu düsenbasierten Drucksystemen liegt in der technisch aufwendigen Erzeugung von gleichmäßigen biologischen Fluidschichten mit homogener Zellverteilung auf dem Donor-Glasträger und darin, dass dieser mit der flüssigen Seite nach unten im Druckaufbau angebracht wird.
Die Genauigkeit des gedruckten Pixel bzw. des Tropfenvolumens mit einer definierten Anzahl eingebetteter Zellen wird bei LIFT-DRL-Verfahren von einer Vielzahl unterschiedlicher Prozessparameter bestimmt, wie:

1. der Charakteristik des Laserpulses, z.B. der zeitliche Länge, der Fokussiergeometrie, der Pulsform und -energie,

2. den Eigenschaften des Absorbermateriales, z.B. der Absorptiontiefe, der Schmelz- und Siedetemperatur sowie der Schichtdicke,

3. dem relativen Abstand des *Donors* zu dem *Kollektor*,

4. der Homogenität und Höhe der biologischen Fluidschicht.

Da die ersten drei Parameter sehr genau charakterisiert und eingestellt werden können, ist die Güte der biologischen Schichten der limitierende Faktor. Hierbei wird die Genauigkeit einer Fluidschicht maßgeblich von den rheologischen Eigenschaften des verwendeten Fluides bestimmt, wie der Viskosität, dem Benetzungsverhaltens auf der Absorberschicht und der Oberflächenspannung. Hinzu kommt, dass lebende Zellen mit ihrer Fluidumgebung interagieren und nicht jedes Fluid für das Drucken von lebenden Zellen geeignet ist.
Im nächsten Kapitel wird deshalb näher auf geeignete Fluide und die Auswirkung ihrer rheologischen Eigenschaften auf die Erstellung von homogenen Schichten eingangen.

2.2 Hydrogele als biologische Träger für Zellen

Zellen bestehen überwiegend aus Wasser, es dient der Aufrechterhaltung aller Funktionen der lebenden Zellen. Zudem stehen diese mit ihrer wässrigen Umgebung im ständigen dynamischen Austausch. Man unterscheidet hierbei zwischen dem intrazellulären (innerhalb der Zelle) und dem extrazellulären (Umgebung) Milieu. Das intrazelluläre Milieu strebt dabei immer ein Gleichgewicht mit den Umgebungsmilieu an, was bereits 1929 von Walter Cannon [68] mit dem Begriff *Homöostase*[9] beschrieben wurde. Cannon stellte zwei Gruppen von Faktoren vor, die bei allen Menschen aktiv geregelt und mit leichten lokalen Schwankungen um einen Mittelwert konstant gehalten werden:

1. Umgebungsbedingungen: Osmolarität, Temperatur und pH-Wert

2. funktionelle Substanzen: Nährstoffe, Wasser, Natrium, Kalzium, Sauerstoff etc.

Die Zellen versuchen also bei einer Änderung dieser Faktoren, die von dem Normwert abweicht, dies aktiv auszugleichen. Sobald diese Störung nicht mehr ausgeglichen werden kann, werden Zellen in ihren normalen Funktionen gestört oder irreversibel geschädigt. Um Zellen außerhalb eines Organismus lebensfähig halten zu können, müssen diese Faktoren extern geregelt werden, was man zum einen mit zellspezifischen Nährmedien und zum anderen mit der Kontrolle externer Einflüsse (Temperatur, Sauerstoffversorgung, CO_2-Gehalt etc.) gewährleistet.
Die Einhaltung dieser Gleichgewichtsfaktoren ist die *erste Grundbedingung*, die Flüssigkeiten bzw. Tinten erfüllen müssen, um für das Drucken von lebenden Zellen in Frage zu kommen. Die *zweite Grundbedingung* ergibt sich aus der technischen Notwendigkeit, Zellen dreidimensional anzuordnen, um die Struktur von natürlichem Gewebe möglichst genau mit Hilfe des Bioprinters zu reproduzieren. Die zelltragenden Fluide müssen dabei während des Druckprozesses von ihrem flüssigen Zustand in einen festen bzw. gelartigen Zustand überführt werden. Dieser Phasenübergang wird Sol-Gel-Transformation[10] genannt und wird üblicherweise

[9] Aufrechterhaltung bzw. Regulierung relativ konstanter Bedingungen
[10] Ein Sol ist eine kolloidale Dispersion, d.h. eine Mischung aus Teilchen und einem anderem Medium.

über die Änderung von Umgebungsbedingungen (z.B. pH-Wert, Temperatur etc.) oder durch chemische Reaktionen erzielt. Bei dieser Transformation ist es wichtig, dass die *erste Grundbedingung* eingehalten wird, um die Zellen nicht irreparabel zu schädigen. Materialien, die beide Grundbedingungen erfüllen können, sind sogenannte Hydrogele, auf die im Folgenden näher eingegangen wird.
Hydrogele sind dreidimensionale Polymernetzwerke, die ein Vielfaches des Eigengewichtes ihrer trockenen Komponenten an Wasser speichern können, ohne dabei ihre strukturelle Integrität zu verlieren [69, 70]. Der Begriff Hydrogel bezeichnet die feste bzw. gelartige Phase der Sol-Gel-Transformation, die aus der Vernetzung der flüssigen Hydrogelvorstufe bzw. des Soles hervorgegangen ist. Die Vernetzung der Sole erfolgt dabei entweder *physikalisch* über den Wechsel ihrer Umgebungsbedingungen, z.B. durch Temperatur-, pH-Änderung, Scherkräfte sowie Änderung der ionischen Umgebung, oder *chemisch* über den Einsatz von Vernetzern, enzymatischen Reaktionen oder Photoinitiatoren und dem anschließenden Aushärten über UV-Strahlung [71]. Neben den Vernetzungsreaktionen werden Hydrogele noch nach ihrem Materialursprung unterteilt, man unterscheidet zwischen:

1. Hydrogelen mit natürlichem Ursprung, z.B. Collagen, Fibrin, Gelatine oder Alginate

2. Hydrogelen mit synthetischem Ursprung, z.B. Polyvinylalkohol, Polyethylenglykol oder Polyacrylate

Zusätzlich sind noch Kombinationen dieser Ursprungsmaterialien möglich, wie bei Collagen- oder Alginatacrylaten.
Im Allgemeinen besitzen Hydrogele eine gute Biokompatibilität[11]. So können Zellen, Wachstumsfaktoren und andere bioaktive Komponenten schädigungsfrei in einem Hydrogel eingebettet werden und die Struktur des Geles ermöglicht gleichzeitig die Diffusion von Nährstoffen und zellulären Abbauprodukten [72].
Die weite Verbreitung von Hydrogelsystemen als Zellträger im Tissue Engineering liegt an dem hohen Wasseranteil (bis zu 99%) und der Möglichkeit, die Steifigkeit des Geles in einem weiten Bereich einzustellen. Hierdurch können den eingeschlossenen Zellen physikalische Bedingungen vorgegeben werden, die annähernd der natürlichen Gewebeumgebung entsprechen [72]. Neben den physikalischen Umgebungsstimuli können zudem wasserlösliche bioaktive Faktoren wie Wachstumfaktoren oder Proteine der extrazellulären Matrix (z.B. Fibronectin, Laminin) in die Hydrogelmatrix eingebunden werden, um zellspezifische Reaktionen zu erreichen [73]. Die Zusammensetzung von Hydrogelen ergibt sich aus dem Anwendungsbereich, den physikalischen und chemischen Umgebungssignalen und den eingesetzten Zelltypen, weswegen es unmöglich ist, eine einzelne optimale Hydrogelzusammensetzung für mehrere Anwendungsfälle zu finden. Die Haupteinsatzbereiche von Hydrogelen sind Weichgewebeimplantate, da sie aufgrund ihres hohen Wasseranteils für lasttragende Implantate (z.B. Knochen) nicht geeignet sind.
Natürliche Hydrogele, die aus EZM-Komponenten wie z.B. Collagen erzeugt wurden, bieten Zellen herausragende Anhaftbedingungen. Jedoch sind ihre mechanischen Eigenschaften, ihr Degradationsverhalten[12] sowie die Zusammensetzung unterschiedlicher Chargen, im Unterschied zu den Merkmalen von synthetischen Hydrogelen, schwer zu kontrollieren.

[11] Maß für die biologische Verträglichkeit eines Materials, vgl. ISO 10993

[12] Materialabbau über die Zeit

Trotz der erwähnten Nachteile von natürlichen Hydrogelen wurden im Zuge dieser Arbeit ausschließlich Sole verwendet, die aus natürlichen und EZM-Komponenten bestehen. Dies ist damit begründet, dass die Sol-Komponenten von dem Zellspender (autolog) gewonnen werden können. Somit können negative oder schädigende Zelleffekte durch die Hydrogelumgebung ausgeschlossen werden. Hinzu kommt noch, dass die Sol-Gel-Transformation durch physikalische oder enzymatische Reaktionen ausgelöst wird und vollständig auf den Einsatz von toxischen Vernetzern verzichtet werden kann.
Prinzipiell setzen sich die Sole, die als „Tinten" für den laserbasierten Druckprozess zum Einsatz kommen, aus drei flüssigen Einzelkomponenten zusammen:
der *primären Komponente*, dem eigentlichen Zellträger, der *sekundären Komponente*, mit deren Hilfe die rheologischen Eigenschaften des gesamten Soles eingestellt werden, und *tertiären Komponenten*. Letztgenannte sind wasserlösliche bioaktive Faktoren, die dem Sol zugemischt werden um spezifische Zellreaktionen, wie z.B. Zellwachstum oder Zellwachtumshemmung, zu erzielen. Da diese Komponenten stark vom jeweiligen Anwendungsfall abhängt, wird im folgenden Kapitel ausschließlich auf die ersten beiden Komponenten eingegangen und bzgl. der tertiären Komponenten auf weiterführende Literatur verwiesen [73].

2.2.1 Primäre Komponente

Die *primäre Komponente* ist das zelltragende Fluid, das den eingebetteten Zellen während des Laserdruckprozesses eine nährstoffreiche und lebensfreundliche Umgebung liefert. Hierfür wurden hauptsächlich Blutplasma oder Blutkomponenten wie Fibronogen sowie vereinzelt Proteine der extrazellulären Matrix wie Collagen verwendet. Zusätzlich ist die *primäre Komponente* entweder anteilig oder grundsätzlich am Vernetzungsprozess beteiligt und stellt dadurch das strukturgebende Element dar.

Blutplasma und Blutkomponenten

Alle Zellen des lebenden Organismus sind für die Aufrechterhaltung ihres Stoffwechsels auf eine externe Versorgung angewiesen. Diese Versorgung übernimmt innerhalb lebender Organismen das Blut. Das Blut erfüllt neben der Transportfunktion viele weitere lebenswichtige Funktionen wie Schutz und Abwehr gegen Fremdkörper, Wärmeregulierung und Wundverschluß. Hierbei ist insbesondere die Gerinnungsfähigkeit des Blutes technisch von großen Interesse. Die Blutgerinnung, auch *Hämostase* genannt, sorgt in Lebewesen für den schnellen Verschluss bzw. die Abdichtung eines Defektes und verhindert einen weiteren Blutverlust. Technisch ist diese Fähigkeit des Blutes mit einer Sol-Gel-Transformation gleichzusetzen und damit zum Überführen von zelltragenden Flüssigkeiten zu gelierten 3D Netzwerken für Bioprinter von großer Bedeutung, weswegen im Folgenden näher auf die Blutgerinnung eingegangen wird.

Blutgerinnung Blut besteht zu ca. 45% aus zellulären Bestandteilen (Erythrozyten, Leukozyten und Thrombozyten) und zu 55% aus Blutplasma. Die zellulären Bestandteile des Blutes

spielten bei der Solherstellung keine Rolle, da ausschließlich Blutplasma als Primärkomponente der Sole zum Einsatz kam. Aufgrund ihrer Bedeutung für den Gerinnungsprozess und den Expressionsfaktoren, die sie im Zuge der Blutgerinnung freisetzen und auf die in diesem Kapitel näher eingegangen wird, werden sie trotzdem vorgestellt.
Bei einer Verletzung von Blutgefäßen mit einhergehendem Blutverlust setzt sofort die Gerinnung, durch im Blut gelöste Faktoren und zelluläre Bestandteile, ein. Primär erfolgt die Abdichtung des Defektes durch die Agglomeration von Blutplättchen (Thrombozyten) im Wundbereich und die anschließende Stabilisierung des Plättchenpfropfes durch die Bildung von Fibrin, welches aus der Vorstufe Fibrinogen unter der Einwirkung von Thrombin entsteht. An der Bildung von Thrombin sind zahlreiche Faktoren, sogenannte Gerinnungsfaktoren (vgl. Tabelle 2.1), beteiligt. Gerinnungsfaktoren sind Proteine, die entweder als inaktive Faktoren im Blut gelöst sind oder EZM-Komponenten, die bei einer Verletzung des Gewebes freigelegt werden. Diese Faktoren werden während der Blutgerinnung kaskadenartig aktiviert, weshalb in diesem Zusammenhang von der Gerinnungskaskade des Blutes gesprochen wird, und münden in der Bildung von fest vernetztem Fibrin.

Faktor	Name	Konzentration (mg * 100 ml^{-1})
I	Fibrinogen	200-450
II	Prothrombin	6-10
III	Gewebsthromboplastin	
IV	Ca^{2+}	10-12
V	Proaccelerin	
VII	Proconvertin	0,1
VIII	Antihämophiles Globulin A	0,5-1
IX	Antihämophiles Globulin B	0,5-0,7
X	Stuart-Prower-Faktor	10
XI	Plasma-Thromboplastin Antecedent	0,6
XII	Hageman-Faktor	1,5-4,7
XIII	Fibrinstabilisierender Faktor	1-4

Tabelle 2.1: Gerinnungsfaktoren des Blutes (Konzentrationswerte aus [74])

In Abbildung 2.10 ist die Gerinnungskaskade des Blutes schematisch dargestellt, welche sich in einen *extrinsischen* und einen *intrinsischen* Weg aufteilt. Bei äußeren Verletzungen, die zu einem Blutaustritt über den Geweberaum führen, wird das *extrinsische* System und bei Beschädigung der endothelialen Gefäßinnenwand das *intrinsische* System aktiviert. Beide Reaktionssysteme können auch parallel ablaufen und münden in der Aktivierung von Faktor X.
Der *extrinsische* Weg wird durch eine Gewebeverletzung üblicherweise zuerst ausgelöst. Hierbei wird Gewebsthromboplastin (Faktor III) freigelegt, das eine große extrazelluläre Domäne [13] besitzt. An diese Domäne binden die aktivierten Faktoren IXa und VIIa zusammen mit Kalzium (Faktor IV) und Phospholipid (PL) an. Dieser Komplex aktiviert seinerseits Faktor X zu Xa.
Die Aktivierung von Faktor X kann auch durch die *intrinsische* Reaktionskaskade erfolgen. Bei diesem *intrinsischen* Weg ist der erste Kaskadenschritt die Aktivierung von Faktor XII durch den Kontakt mit negativ geladenen Oberflächen z.B. *in vivo* durch freiliegende subendothe-

[13] an die Zellmembran gebundene Rezeptoren, die als äußere Andockstellen dienen

liale Collagenfasern. Der aktivierte Faktor XIIa katalysiert die Umwandlung von Präkallikrein in Kallikrein (in Abb. 2.10 nicht dargestellt vgl. [74]), was zu einer Reaktionsverstärkung führt, bei der Faktor XI zu XIa aktiviert wird. Faktor XIa aktiviert Faktor IX zu IXa, welcher mit Kalzium (Faktor IV), Faktor VIIIa (aktiviert durch geringe Mengen von Faktor IIa) und Phospholipid einen Komplex ausbildet, der Faktor X zu Xa aktiviert. Beide Wege münden somit durch die Aktivierung von Faktor Xa in der gleichen Reaktion. Faktor Xa bewirkt eine langsame Umwandlung von Prothrombin (Faktor II) in Thrombin (Faktor IIa), welcher seinerseits Faktor V, Faktor VIII und Faktor XIII aktiviert. Faktor V und Faktor VIII haben selbst keine enzymatische Aktivität. Durch ihre Aktivierung bilden sie allerdings Komplexe aus, die die Reaktionsgeschwindigkeit der Aktivierung von Faktor X (über Faktor VIIIa) und Faktor II (über Faktor V) um ein vielfaches steigern [75].

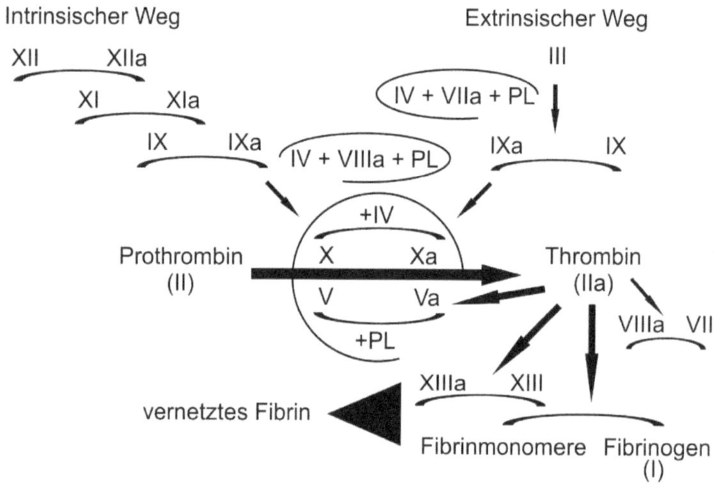

Abbildung 2.10: Darstellung der kaskadenartigen Aktivierung von Blutgerinnungsfaktoren. Unterteilung mit römischen Ziffern, z.B. X unaktiviert und Xa aktiviert

Das so entstandene Thrombin (Faktor IIa) spaltet sehr spezifisch aus dem langkettigen Fibrinogenmolekül (Faktor I) die endständigen Fibrinopeptide ab. Dadurch enstehen lösliche Fibrinmonomere, welche sich zu Fibrinpolymeren zusammenlagern. Diese noch lose Verbindung wird durch Faktor XIIIa fest vernetzt, der die Bildung einer Amidbindung (vgl. Abb. 2.11) zwischen den ϵ-Aminogruppen von Lysin und den Carboxamidgruppen von Glutamin katalysiert, wodurch ein wasserunlösliches Polymernetzwerk entsteht [76].
Damit sich *in vivo* die Gerinnung des Blutes ausschließlich auf den Wundbereich beschränkt und nicht unkontrolliert weiter abläuft, wird die gesamte Gerinnungskaskade durch eine Reihe von Inhibitoren reguliert. Diese sind in gelöster Form bereits im Butplasma vorhanden und regulieren die Aktivität bzw. Aktivierung der Faktoren an jeder Stelle der Gerinnungskaskade.

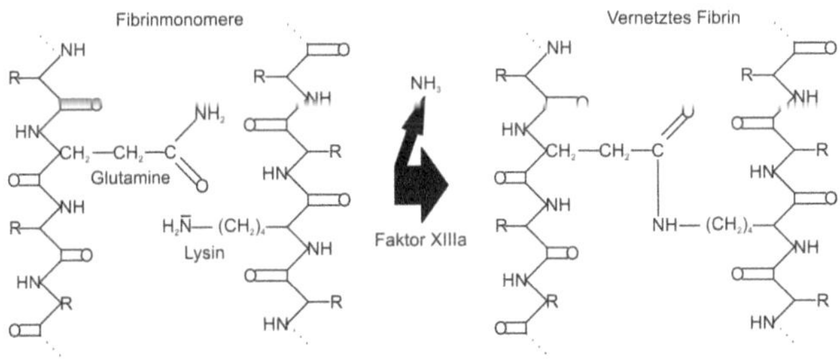

Abbildung 2.11: Chemische Vernetzungreaktion der Fibrinmonomere zu Fibrin unter Einwirkung von Faktor XIIIa

Gewinnung und Einsatz von Blutplasma und Fibrinogen als Primärkomponente Um Blut für technische Prozesse nutzbar zu machen, muss die Gerinnung direkt bei der Blutentnahme beim Spender unterbunden werden. Dieses wurde im Zuge dieser Arbeit durch den Entzug von Ca^{2+}-Ionen (Faktor IV) (vgl. Abb. 2.10) durch Komplexbildung erreicht. Als Komplexbildner wurde Ethylendiamintetraessigsäure (EDTA) eingesetzt. EDTA bildet mit Ca^{2+}-Ionen stabile Chelatkomplexe aus und entzieht dadurch der Blutprobe mit Kalzium einen Gerinnungsfaktor, der als Komplexbildner an vielen unterschiedlichen Stellen der Gerinnungskaskade eingreift. Hierdurch wird die Gerinnung des Blutes unterbunden. Das Blut bleibt somit flüssig und kann für die folgende Blutplasmagewinnung genutzt werden. Dafür wird das Blut durch Zentrifugierung von seinen festen zellulären Bestandteilen getrennt und man erhält flüssiges Blutplasma. Da Kalzium in dem gewonnenen Blutplasma durch den Chelatkomplex mit EDTA noch gebunden ist, wird im Folgenden von EDTA-Blutplasma gesprochen.

EDTA-Blutplasma kam als Primärkomponente der Sole für den Großteil der hier beschriebenen Experimente zum Einsatz, da es direkt vom Zellspender (autolog) in großen Mengen gewonnen werden kann und sich über einen längeren Zeitraum bei -80 °C ohne negative Einflüsse lagern lässt. Zudem kann EDTA-Blutplasma durch die spezifische Zugabe von Kalzium, die über die Bindefähigkeit von EDTA hinaus geht, wieder zum Gerinnen gebracht werden. Diese Polymerisation bzw. die Vernetzung der Fibrinmonomere läuft unter physiologischen Bedingungen für die Zellen ab, d.h. sie werden durch die Bildung des Fibrinnetzwerkes nicht geschädigt, womit ein negativer Einfluss auf die Zellen für spätere Untersuchungen ausgeschlossen werden kann [77].

Unabhängig von den erwähnten Vorteilen muss der Einsatz von EDTA-Blutplasma als Primärkomponente auf den entsprechenden Anwendungsfall angepasst werden. So handelt es sich bei Blutplasma um kein homogenes Fluid. Die Proteinkonzentration variiert je nach Alter und Geschlecht des Spenders sehr stark. Außerdem sind im Blutplasma eine Reihe unterschiedlicher Wachstumfaktoren und Mitogene[14] gelöst oder entstehen als Endprodukte während der Gerinnung, die je nach Konzentration unterschiedlich starke Effekte auf die eingesetzten Zellen haben, wie z.B. Platelet-derived Growth Factor (PDGF).

PDGF ist ein bekannter Wachstumsfaktor und Differenzierungsinhibitor [78], der von Blutplättchen am Anfang der Gerinnung ausgeschüttet wird, welche sich trotz Abtrennung mittels Zentrifugieren in geringen Mengen im EDTA-Blutplasma befinden. Wird nun nach dem Druckprozess die Vernetzung des EDTA-Blutplasma-Soles eingeleitet, schütten die restlichen Blut-

[14]Proteine, die Zellteilung anregen

plättchen den Wachstumsfaktor PDGF aus, der sich danach gelöst in der 3D Hydrogelmatrix befindet. Dadurch können zum Beispiel in dem Hydrogel befindliche Stammzellen zur Proliferation angeregt werden, was gleichzeitig die Differenzierung in einen funktionellen Zelltyp inhibiert. Dieser Effekt muss bei der Differenzierung von 3D Stammzell-Konstrukten mit berücksichtigt werden, wie in Kapitel 6.3.1 gezeigt wird. Sämtliche in dieser Arbeit verwendete EDTA-Blutplasmaproben wurden autolog oder allogen[15] für den Druck von Zellkonstrukten eingesetzt.
Eine interessante Alternative zu EDTA-Blutplasma stellt die Nutzung der reinen Blutplasmakomponente Fibrinogen (Faktor I) dar. Wie aus der Gerinnungskaskade (Abb. 2.10) ersichtlich ist, besteht das Gerinnungsendprodukt Fibrin aus vernetzten Fibrinmonomeren, die unter Einwirkung von Thrombin (Faktor IIa) aus ihrer Vorstufe Fibrinogen (Faktor I) heraus gelöst wurden. Die Einzelkomponenten Fibrinogen sowie Thrombin können aus EDTA-Blutplasma gewonnen werden, womit der autologe Ansatz über patienteneigene Blutgewinnung gewahrt bleibt und *in-vivo*-Abstoßungsreaktionen auf die gedruckten Fibrin-Zell-Konstrukte ausgeschlossen werden können. Der Vorteil des reinen Fibrinogens und Thrombins im Unterschied zu EDTA-Blutplasma ist, dass nur die Faktoren des Blutplasmas genutzt werden, die für die Hydrogelausbildung notwendig sind. Somit entfallen ungewollte Zellreaktionen durch diverse Faktoren (z.B. PDGF), die im Blutplasma vorhanden sind. Zusätzlich können die Konzentrationen von Fibrinogen und Thrombin genau eingestellt werden, wodurch man im Unterschied zu Blutplasma eine homogene und reproduzierbare Primärkomponente erhält. Aus diesen Gründen ist reines Fibrinogen für den Einsatz als Primärkomponente besser geeignet als EDTA-Blutplasma, da die zellulären Druckergebnisse frei von unkontrollierbaren Variationen und Einflüssen der Blutplasmafaktoren sind. Trotz der offensichtlichen Vorteile limitiert die begrenzte Lagerungsfähigkeit des fluiden Fibrinogens seinen intensiven Einsatz als Primärkomponente.
Die für diese Arbeit eingesetzten Fibronogen- und Thrombin-Fluide wurden freundlicherweise von dem Helmholtz-Institut für Biomedizinische Technik der RWTH Aachen zur Verfügung gestellt. Detaillierte Informationen über die Zusammensetzung, Aufreinigungsprotokolle und fortführende Informationen finden sich in [77].

Collagen

Collagene sind die am häufigsten vorkommenden Proteine im menschlichen Körper. Annähernd 30% aller Proteine gehören zu der Gruppe der Collagene. Sie sind Hauptbestandteil der EZM und finden sich in unterschiedlicher Zusammensetzung in allen Geweben des menschlichen Körpers wieder. Bis zum heutigen Tag wurden 29 unterschiedliche Typen von Collagenen entdeckt [79], die alle einen einzigartigen triple-helikalen Proteinaufbau (vgl. Abb. 2.12) gemeinsam haben. Untergliedert werden die Collagentypen nach ihrer Struktur und Funktion in 7 Subtypen [80] wie z.B Fibrillen-bildendes Collagen (Typ I, II, III, V, XI, XXIV und XXVII) oder netzwerk-bildenes Collagen (Typ IV, VIII und X). Unter allen Collagenen ist der Typ I am stärksten vertreten und stellt das Hauptstrukturelement von Haut, Knochen und Sehnen dar. Sein Molekül besteht aus zwei α_1-Peptidketten und einer α_2-Peptidkette (vgl. Abb. 2.12), die entlang einer Achse in einer Triplehelix verwunden sind und von Wasserstoffbrücken zusammengehalten werden [81]. Unter physiologischen Bedingungen aggregieren die Triple-Peptidketten in einem Selbstorganisations-Prozess zu Fibrillen, welche durch kova-

[15]artgleich

lente Bindungen fest vernetzt werden [82]. Die Fähigkeit von Collagen Typ I, selbstorganisiert Netzwerke auszubilden, und die einfache Extraktion aus einer Vielzahl von Geweben, führte zur weiten Verbreitung von Collagen Typ I als Hydrogel in biotechnologischen Anwendungen [79].

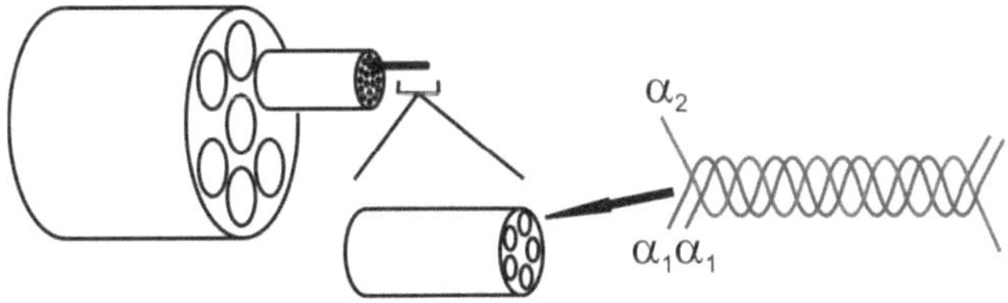

Abbildung 2.12: Molekularer Aufbau eines Collagenfaserbündels mit dem triple-helikalen Aufbau von zwei α_1-Ketten und einer α_2-Kette am Beispiel von Collagen Typ I

Einsatz von Collagen Typ I als Primärkomponente Collagen Typ I zeichnet sich durch Biodegradierbarkeit, Biokompabilität und geringe Antigenität aus [83]. Es ist ein Hauptbestandteil der natürlichen Gewebe-EZM und vernetztes Collagen fördert die Migration und Anbindung von Zellen in der Hydrogelmatrix [84]. Die thermische Instabilität und die unkontrollierbare Vernetzungsreaktion von Collagen Typ I limitieren die Nutzung als zelltragende Primärkomponente für den laserbasierten Druckprozess.
Collagen Typ I ist nur in Pulverform über einen längeren Zeitraum zu lagern. Die flüssige Vorstufe von vernetztem Collagen Typ I, im Folgenden Pre-Collagen genannt, ist bei einem sauren pH-Wert von 3 und einer Temperatur zwischen 2°C bis 8°C [16] über einen Zeitraum von bis zu 3 Wochen [80] stabil. Für den Einsatz als Zellträger muss der saure pH-Wert des gekühlten Pre-Collagens neutralisiert werden (pH-Wert = 7,4), um die eingemischten Zellen nicht zu schädigen. Durch die Anhebung des pH-Wertes in einen physiologischen Bereich startet die Vernetzungsreaktion des Pre-Collagens auch schon bei niedrigen Temperaturen ($\leq$ 4°C) durch vereinzelte Agglomeration von Fibrillen.
Die Vernetzungsgeschwindigkeit von Collagen Typ I ist stark temperaturabhängig, bei $\leq$ 12°C erfolgt in 9 Minuten die Sol-Gel Transformation und bei einer Absenkung der Temperatur auf $\leq$ 10°C um ca. 5 Minuten verzögert [85]. Durch diese Temperaturinstabilität ist der Einsatz von Collagen Typ I als Primärkomponente nur mit einem hohen technischen Aufwand zu realisieren, da sowohl die Beschichtungsanlage als auch der Donorglasträger (vgl. Kap. 5.2.2) auf Temperaturen $\leq$ 4°C gekühlt werden müssen, wohingegen der Kollektorglasträger auf Temperaturen >12°C geheizt werden muss. Die niedrigen Temperaturen müssen bei gleichzeitig hoher Luftfeuchtigkeit ($\geq$ 90%) realisiert werden, um Austrocknungseffekte und damit einhergehende Zellschädigung zu vermeiden.
Selbst bei Einhaltung aller dieser Parameter verschiebt sich die Viskosität des Collagens durch langsame lokale Fibrillenbildung bei physiologischem pH-Wert, was einen starken Einfluss auf die Druckqualität hat und im Kapitel 6.1.1 näher beschrieben wird.
Trotz dieser Limitationen kam Collagen Typ I, aufgrund seiner migrations- und adhäsionsfördernden Eigenschaften, bei dem multizellulären Druck von Bindegewebszellen zum Einsatz, auf den im Kapitel 6.3.2 eingegangen wird.

[16] Werte aus Datenblatt „rat tail collagen typ I" Best.-Nr. 1 179 179 von Roche GmbH, Deutschland

Collagen Typ I aus Rattenschwänzen wurde für diese Arbeit entweder vom Institut für Plastische Hand- und Wiederherstellungschirugie der MHH in flüssiger Form zur Verfügung gestellt oder in Pulverform nach der Herstelleranleitung (Sigma-Aldrich Chemie GmbH, Deutschland) aufbereitet.

2.2.2 Sekundäre Komponente

Die *sekundäre Komponente* wird für die Optimierung der rheologischen Eigenschaften des Soles für den Laserdruckprozess genutzt. Es kommen hierfür Alginate und Hyaluronsäuren aufgrund ihrer guten Biokompatibilität zum Einsatz. Neben dem rheologischen Einfluss unterstützt die *sekundäre Komponente* den Gelierungsprozess (Alginat) und/oder verhindert die Zellschädigung durch Trocknungseffekte während des Laserdruckprozesses (Hyaluronsäure).

Alginate

Alginate sind Salze der Alginsäure, die aus den Zellwänden von Braunalgen gewonnen werden. Bei dem Gewinnungsprozess aus Braunalgen wird wasserunlösliche Alginsäure mit Alkalimetallcarbonaten wie z.B. Natriumcarbonat zu wasserlöslichen Natriumalginat umgesetzt [86]:

$$(H_2Alg)_{n(f)} + 2nNa^+_{(fl)} + nCO^{2-}_{3(fl)} \rightarrow (Alg)^{2n-}_{n(fl)} + 2nNa^+_{(fl)} + nCO_{2(g)} + nH_2O_{(fl)}$$

Alginate gehören zu der Gruppe von Polysachariden, die Uronate[17] enthalten. Die monomeren Bausteine der Alginate sind β-D-Mannuronat (Kurzbezeichnung **M**) und α-L-Guluronat (Kurzbezeichnung **G**) (vgl. Abb.2.13) [87].

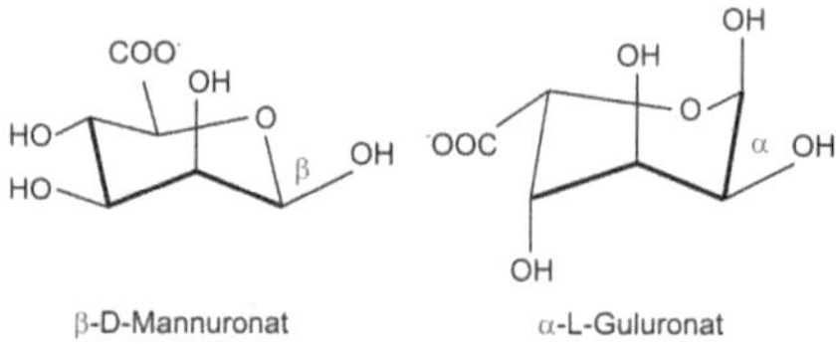

Abbildung 2.13: Monomerer Aufbau der Alginate

Diese Uronatreste sind linear über 1,4-glykosidische Bindungen in einer Homopolymersequenz [18] verknüpft, was in Abbildung 2.14 verdeutlich wird.
Bei einem „GG"-Block („MM"-Blockbildung verläuft analog) verknüpft ein Sauerstoffatom das erste Kohlenstoffatom (C_1) eines G-Uronats mit dem vierten Kohlenstoff (C_4) eines weiteren G-Uronats, wobei H_2O als Rest entsteht und die ungebunden C_1 und C_4-Stellen weitere Sauerstoffbrücken eingehen können.
Neben den Homopolymersequenzen „GG" und „MM" kommen auch alternierende Mischblöcke „MG" im Alginat vor, die eine analoge Bindungsstruktur aufweisen. Das Verhältnis von M:G und deren Verteilung innerhalb der Polymerketten bestimmt maßgeblich die chemischen

[17] Salze der Uronsäuren
[18] Polymer, welches aus gleichen Monomersequenzen besteht

und physikalischen Eigenschaften von Alginat [88]. So bilden beispielsweise Alginate mit hohen „G"-Anteil viskosere Fluide aus als Alginate mit größerem „M"-Anteil [89].

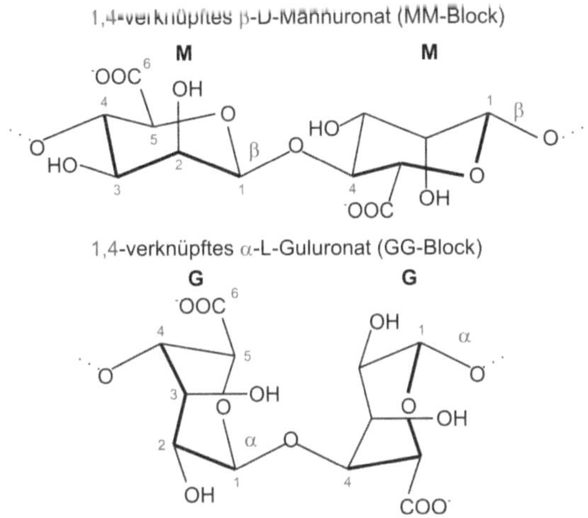

Abbildung 2.14: Homopolymersequenzen des Alginates

Neben der Fähigkeit von Alginaten, mit Alkalimetallen hochviskose Fluide auszubilden, kann eine Gelausbildung durch das Einbringen von Erdalkalimetallen wie z.B. Kalzium (Ca^{2+}) erreicht werden. Diese Reaktion wird in Abbildung 2.15 veranschaulicht.
Monomere Guluronate lagern sich linear zu „GG"-Blöcken (vgl. Abb. 2.14) und durch weitere Verknüpfung zu linearen Polyguluronatketten zusammen. Bei der Zusammenlagerung der linearen Ketten entstehen durch die geknickte Form der „GG"-Blöcke Hohlräume, in die Ca^{2+}-Ionen eingelagert werden können. Dadurch kommt es zur Verkettung von zwei Polyguluronatketten mit eingelagertem Ca^{2+}, wobei ein Ca^{2+}-Ion von vier „G"-Sequenzen eingeschlossen wird. Innerhalb des Hohlraums wird Ca^{2+} durch 10 Sauerstoffatome (5 je „GG"-Block) ionisch gebunden (vgl. Abb. 2.15) [90]. Durch die regelmäßige Einbettung von Ca^{2+} in den Polygulurunatketten wurde diese Bindung auch als „Eierkarton-Modell" (eng.: "Egg-Box") bekannt [91].
Da die Ca^{2+}-Verkettung ausschließlich über die „G"-Sequenzen und nicht über „M"-Sequenzen erfolgt, wird die Steifheit des gebildeten Hydrogels über den Anteil der „G"-Sequenzen im Alginat bestimmt. So nimmt die Gelstärke mit steigendem GG-Blockanteil im Alginat zu, wohingegen die Flexibilität sinkt. Umgekehrt verhält es sich mit steigendem MM-Blockanteil [88].
Neben dem M:G-Verhältnis haben auch die eingelagerten Erdalkalimetalle einen wesentlichen Einfluss auf die physikalischen Eigenschaften des Hydrogels. Wird statt Kalzium z.B. Barium (Ba^{2+}) als ionischer Bindungspartner eingesetzt, bilden sich wesentlich steifere Gele aus. Dies ist dadurch begründet, das Ba^{2+} auch mit „MM"-Blöcken ionische Bindungen eingehen kann und somit die Gesamtgelstärke im Vergleich zu Kalziumalginat-Hydrogelen deutlich erhöht ist [92]. Analog zu Kalzium kann die Steifheit oder Flexibilität des Bariumalginat-

Hydrogels durch das M:G Verhältnis gesteuert werden. Ein höherer „G"-Anteil führt zu höherer Steifheit, wohingegen ein höherer „M"-Anteil die Flexibilität des Hydrogels erhöht [87].
Aufgrund ihrer gute Biokompabilität werden Alginate neben dem konventionellen Einsatz als Verdicker und Stabilisatoren in der Lebensmittel- und Pharmaindustrie in den letzten Jahrzehnt verstärkt in der Biomedizintechnik für diverse Anwendungen eingesetzt [86, 87, 93].

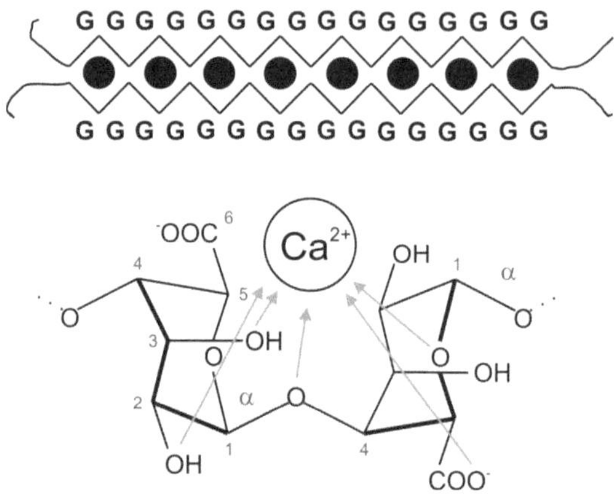

Abbildung 2.15: „Egg Box"Modell der Einlagerung eines Ca^{2+}-Atoms und Verknüpfung der Polyguluronatketten

Einsatz von Alginat als Sekundärkomponente Als Sekundärkomponente kamen Natriumalginate (im Folgenden nur Alginat genannt) mit zwei unterschiedlichen M:G Verhältnissen zum Einsatz. Diese wurden in Pulverform von Sigma-Aldrich Chemie GmbH bestellt (Produktnummer: A2158 „low viscosity" und A2033 „medium viscosity") und nach dem Protokoll aus [86] mit 0,15 M NaCl-Lösung[19] angemischt. Dadurch erhält man ein Fluid, dessen Viskosität (vgl. Abb. 5.6) sehr genau über den Massenanteil des gelösten Natriumalginatpulvers eingestellt werden kann.
Die Anwesenheit von divalenten Ionen (z.B. Ca^{2+}) führt zu einer sofortigen Gel-Transformation, dessen Steifheit zum einen durch den prozentualen Anteil der Trockenmasse und zum anderen über das M:G Verhältnis des eingesetzten Alginats vorgegeben werden kann. Dadurch kann die Steifheit des gesamten Hydrogels (Primär-, Sekundärkomponente und eingemischte Zellen) über einen weiten Bereich frei eingestellt werden.
Bei der Hydrogelbildung von Alginat handelt es sich um einen Temperatur-unabhängigen und reversiblen Prozess, der durch eine Konzentrationsverschiebung von Kalzium zu Natrium bewirkt werden kann, d.h. wenn das Hydrogelkonstrukt in eine Lösung mit einem höheren Natrium- als Kalziumanteil gebracht wird, kommt es zu dem Herauslösen der ionisch gebunden Ca^{2+}-Atomen und somit zu einer Auflösung der Hydrogelverbindung.
Diese Eigenschaft von Alginat ist insbesondere dann interessant, wenn Alginat-Fibrinogen- und Alginat-Blutplasma-Sole verwendet werden. Wie bereits angesprochen wurde (vgl. Abb.

[19] isotonische Kochsalzlösung

2.10), ist Kalzium ein wichtiger Gerinnungsfaktor, der zur Ausbildung eines wasserunlöslichen Fibrinnetzwerkes führt. Wird jetzt z.B. ein Alginat-Blutplasma-Sol in eine Kalziumchlorid-Lösung ($CaCl_2$) gedruckt, kommt es zur sofortigen Bildung einer dünnen Hülle aus Kalzium-alginat-Gel und zur Aktivierung der langsameren Fibrinbildung. Durch diese Kopplung von schneller Alginataushärtung und nachgeschalteter Fibrinvernetzung wird erreicht, dass der Tropfen seine Form behält ohne zu verlaufen, was die Genauigkeit des Druckprozesses wesentlich erhöht. Im Folgenden kann dann das Alginat durch eine Konzentrationserhöhung von Natrium wieder entfernt werden und der Tropfen behält aufgrund der Fibrinvernetzung seine Form bei.

Alginat kam als Sekundärkomponente aufgrund der genannten Vorteile für den Hauptteil der beschriebenden Experimente zum Einsatz. Alginat kann generell als „Blank"-Hydrogel bezeichnet werden, da es im Vergleich zu Fibrin, Collagen oder Hyaluronsäure keine spezifische Wirkung auf unterschiedliche Zelltypen hat [71]. Jedoch müssen Alginatkonzentration und -zusammensetzung, welche die Gelstärke steuern, sehr genau auf die verwendeten Zelltypen und den Anwendungsfall abgestimmt werden, da über die physikalische Steifheit des Alginat-Hydrogels den eingebetteten Zellen mechanische Signale vorgegeben werden. Diese können von der Inhibierung der Migration und Proliferation bis hin zur Immobilisierung von Zellen reichen und werden in dem Kapitel 6.3 weiter vertieft.

Hyaluronsäure

Hyaluronsäure (Kurzform: HA) gehört zur Gruppe der sauren Polysaccharide. HA weist ähnlich wie Alginat eine lineare Polykettenstruktur aus verknüpften Disachariden[20] auf, die wiederum aus zwei monomeren Bestandteilen zusammengesetzt sind: D-Glucuronsäure und N-Acetyl-D-Glucosamin (vgl. Abb. 2.16).

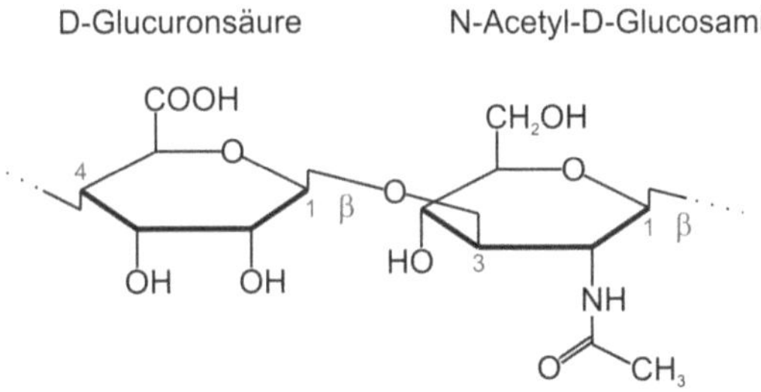

Abbildung 2.16: Monomerer Aufbau und Disacharid-Sequenz der Hyaluronsäure

Bei dieser Verbindung ist die D-Glucuronsäure 1,3-glykosidisch an das N-Acetyl-D-Glucosamin geknüpft, welches mit einem weiteren D-Glucuronsäure-Rest eine 1,4-glykosidische Verbindung eingehen kann [94]. Die Länge der gebildeten Polysaccharidketten hängt von dem Extraktionsort der Hyaluronsäure ab und kann von wenigen Disaccharid-Einheiten bis zu mehr als 10^5 Disachariden reichen [95]. Die Polymerketten lagern sich in helikalen Konfigurationen zusammen, welche durch Wasserstoffbrücken stabilisiert werden [96]. HA ist neben Collagen ein Hauptbestandteil der EZM aller menschlichen Gewebe und erfüllt eine Reihe

[20] Verbindung von 2 Monosacchariden (Einfachzucker)

von wichtigen mechanischen und biochemischen Funktionen [97]. Es kann in unterschiedlicher Konzentration aus der EZM vieler Weichgewebe extrahiert werden, wie z.b. aus Knorpel, Nabelschur und Haut [96].
Zu den bemerkenswertesten Eigenschaften von Hyaluronsäure zählt das starke Wasserbindevermögen (mehr als das 1000-fache [96] in Bezug auf die HA-Trockenmasse). Deswegen ist HA als Solkomponente für den hier vorgestellten laserbasierten Druckprozess sehr interessant.

Einsatz von Hyaluronsäure als Sekundärkomponente Als Sekundärkomponente kam Natrium-Hyaluronsäure (HA) in Pulverform von Sigma-Aldrich Chemie GmbH (Produktnummer: 53747 „Hyaluronic acid sodium salt from Streptococcus equi") zum Einsatz. HA kann leicht bei Raumtemperatur in 0,15 M NaCl-Lösung gelöst werden, wobei die Viskosität des entstehenden Soles stark von der Konzentration der HA abhängt. Das HA-Sol weist einen leicht sauren pH-Wert von 5 bis 6 auf und muss, als Komponente des zelltragenden Gesamtsoles, über das Zumischen von 0,1 M NaOH-Lösung[21] auf pH 7,4 gepuffert werden. HA lässt sich in Pulverform bei -20 °C und das angemischte HA-Sol bei -80 °C über einen längeren Zeitraum lagern. Das HA-Sol ist temperaturstabil und die angesprochene Fähigkeit von Hyaluronsäure, Wasser zu binden, ist nützlich, um das Gesamtsol mit eingemischten Zellen vor schädigenden Trocknungseffekten zu schützen.
Als Sekundärkomponente kam Hyaluronsäure im Rahmen dieser Arbeit überall dort zum Einsatz, wo die Vernetzungsfähigkeit von Alginat nicht gewünscht oder störend war, wie beispielsweise bei der Druckprozessoptimierung von Vernetzungslösungen.
HA ist ohne Modifikation nicht in der Lage stabile Hydrogelkomplexe auszubilden. Deshalb konnten auch Vernetzer-Lösungen (z.B. $CaCl_2$ für Blutplasma) für den Druckprozess optimiert werden. Dieses kann genutzt werden, um sehr selektiv und lokal begrenzte Vernetzungsreaktionen auszulösen. Als Beispiel sei hier die Vernetzung von einem Alginat-Blutplasma-Sol mit einem Hyaluronsäure-$CaCl_2$-Sol genannt. Beide Sole können durch den Laserdruckprozess übereinandergedruckt werden, was an den Stellen der Vermischung zu der Sol-Gel-Transformation des Alginates und der nachgeschalteten Vernetzung des Fibrinogens durch den Ca^{2+}-Einfluss führt (vgl. Kapitel 2.2.2).
Hyaluronsäure ist im Gegensatz zu Alginat kein „Blank"-Sol, d.h. es nimmt an vielen extra- und intrazellulären Prozessen teil und kann Zellen, in Abhängigkeit von der Konzentration und Polymerkettenlänge, sehr unterschiedliche Signale geben, wie z.B. Inhibition oder Stimulation von Proliferation, Migration oder Differenzierung von Stammzellen [95]. Aufgrund der Fülle von biochemischen Interaktionen mit Zellen muss der Einsatz von HA fallspezifisch betrachtet werden und wird in dem Kapitel 6.3.3 vertieft.

2.2.3 Zusammenfassung der zelltragenden Sole

In Abbildung 2.17 wird die Zusammenstellung der einzelnen Sol-Komponenten mit den eingemischten Zellen und der anschließenden Vernetzung beschrieben, die in der Ausbildung eines Hydrogelnetzwerkes mit eingeschlossenen Zellen mündet.
Die einzelne Ablaufschritte gliedern sich wie folgt: Zuerst werden die Primär- und die Sekundärkomponente separat angesetzt und danach in einer Suspension, im Folgenden „Sol" genannt, zusammengeführt. Im nächsten Schritt werden die lebenden Zellen, die sich in einer

[21] Natronlauge

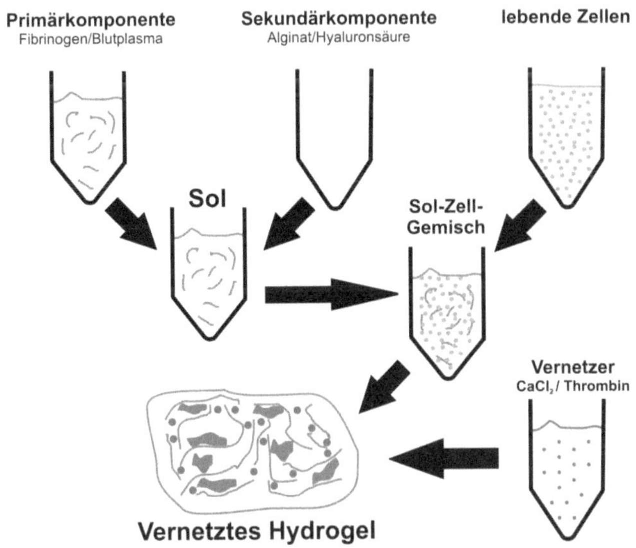

Abbildung 2.17: Schematische Darstellung der Sol-Gel-Transformation des zelltragenden Sols und seiner Komponenten

Nährlösung befinden, durch Zentrifugieren pelletiert und die überstehende Nährlösung wird entfernt. Das Zellpellet wird als nächstes direkt in dem Sol resuspendiert. Durch das Zusammenführen der Vernetzerlösung mit dem Sol-Zell-Gemisch, z.B. durch Einmischen, Aufnebeln oder -sprühen, wird die Sol-Gel-Transformation gestartet, die in einem fest verbundenen Hydrogelnetzwerk mündet. In diesem Hydrogelnetzwerk befinden sich die Zellen, die durch die Polymerverkettung eingeschlossen werden.
Prinzipiell lassen sich die beschriebenen Primär- und Sekundärkomponenten (von Collagen abgesehen, vgl. Kapitel 2.2.1) beliebig kombinieren, da jedoch unterschiedlichen Zelltypen auf verschiedene Weise mit ihrer Hydrogelumgebung interagieren, wurden die Sol-Zusammensetzungen für den jeweiligen Anwendungsfall (vgl. Kapitel 6.3) angepasst. Die Sol-Kombinationen, die bei den meisten der hier beschriebenen Experimente zum Einsatz kamen, werden abschließend in Tabelle 2.2 zusammen mit ihren Vernetzern aufgeführt.

Sol	**Vernetzer**
Alginat-Blutplasma	$CaCl_2$
Alginat-Fibrinogen	$CaCl_2$ + Thrombin
Hyaluronsäure-Fibrinogen	$CaCl_2$ + Thrombin

Tabelle 2.2: Verwendete Sole und ihre Vernetzer

3 Zielsetzung

Gewebe und Organe bestehen aus vielen unterschiedlichen Zelltypen und Zellumgebungen. In ihrer natürlichen Gewebeumgebung ist eine lebende Zelle einer Fülle von unterschiedlichen Signalen ausgesetzt, die schlussendlich die Funktion der Zelle bestimmen und steuern. Bis zum heutigen Tag ist wenig über natürliches Zellverhalten bekannt. Hierzu wäre es notwendig die natürliche Zellverteilung und Zellumgebung eines Gewebes zu kopieren, um diese anschließend unter definierten Laborbedingungen (*in vitro*) untersuchen zu können.
Für die technische Herstellung von natürlichen 3D Zell-Umgebungen wurden in den letzten Jahren verstärkt Drucksysteme erprobt. Bei klassischen Drucksystemen wie Inkjet- oder Spritzendrucker besteht das Problem, dass die Zellen mit hohem Druck durch eine Düsenöffnung gedrückt werden müssen. Dies führt dazu, dass nur sehr geringe Zelldichten gedruckt werden können. Im natürlichen Gewebe liegen die Zellen allerdings dicht gepackt vor, weswegen düsenbasierte Systeme für die Herstellung einer natürlichen Gewebeumgebung nur bedingt geeignet sind. Eine alternative Methode stellt der Laserinduzierte Vorwärtstransfer dar. Diese düsenfreie Drucktechnik treibt die Zellen direkt aus einer Flüssigschicht aus und eröffnet die Möglichkeit, natürliche Gewebeumgebung mit beliebig hoher Zelldichte drucktechnisch zu erstellen.
Das Ziel der Arbeit verfolgt die computergesteuerte Herstellung von 3D Zell-Umgebungen mittels des Laserinduzierten Vorwärtstransfer. Um diese laserbasierte Drucktechnik für das Drucken von lebenden Zellen nutzbar zu machen, ist eine tiefergehende Analyse des Übertragungsprozesses grundlegend. Besonders wichtig dabei ist der Ausschluss von prozessbedingten Zellschädigungen, da bereits leichte Zellveränderungen wie DNA- oder Wachstumsschädigungen zu fehlerhaften Ergebnissen der späteren Gewebeuntersuchungen führen können. Nach der grundlegenden Etablierung des Druckens von lebenden Zellen, sollen gewebespezifische 3D Zell-Umgebungen erzeugt werden. Diese würden neue Untersuchungsmethoden unter Laborbedingungen ermöglichen, die mit derzeitigen Methoden nicht realisierbar sind. Hierfür sollen monozelluläre und multizelluläre Gewebekonstrukte erstellt werden, anhand derer die Ausreifung von künstlichem Gewebe und Gewebeentstehungsprozesse dokumentiert werden können. Da Gewebeentstehungsprozesse immer mit dem intra- und interzellulären Austausch von Signalen einhergehen, soll eine *in-vitro*-Methode erarbeitet werden, mit der sich erstmalig auch Zell-Zell-Interaktionen in einer 3D Umgebung dokumentieren lassen.

4 Lösungskonzept

Das Lösungskonzept (vgl. Abbildung 4.1) leitet sich aus der Zielsetzung ab, ein verlässliches laserbasiertes Drucksystem aufzubauen, das lebende Zellen schädigungsfrei und computergesteuert drucken kann. Die drei Querschnittsbereiche ergeben sich durch die einzelnen Entwicklungschritte des laserbasierten Drucksystems: 1.) Entwicklung, 2.) Charakterisierung und 3.) Anwendung.

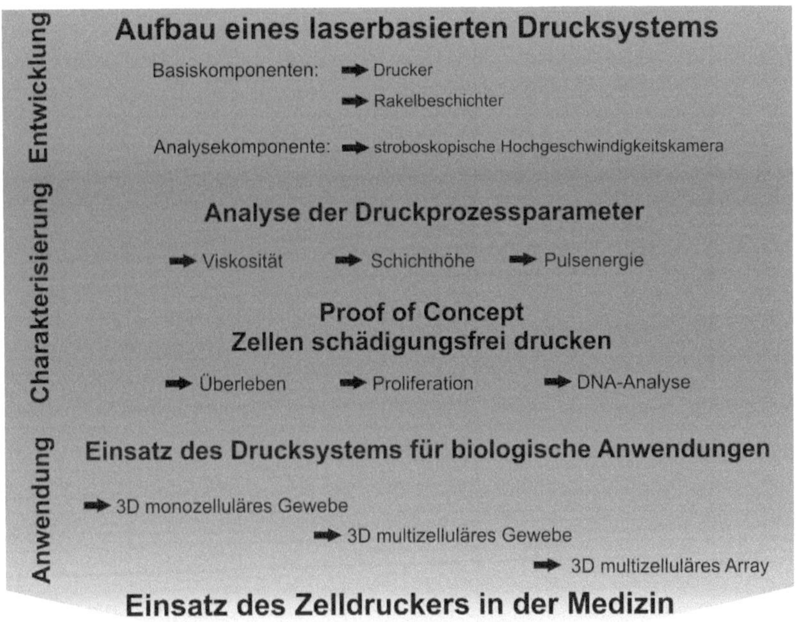

Abbildung 4.1: Vorgehensweise zur Lösung der Aufgabenstellung

Der erste Querschnittsbereich setzt sich mit der Entwicklung der einzelnen Drucksystemkomponenten auseinander. Bei dem laserbasierten Druckprozess handelt es sich um eine Technik, die ohne den Einsatz von Spritzen oder Düsen zum Austreiben eines Fluidvolumens auskommt. Der Tropfenübertrag wird dadurch erzielt, dass eine laserinduzierte Dampfblase ein Zellfluid-Volumen aus einer flüssigen Schicht austreibt. Die Homogenität der Fluidschicht hat hierbei entscheidenden Einfluss auf die Genauigkeit und Reproduzierbarkeit des Druck-

prozesses. Deshalb wurden neben dem eigentlichen Drucksystem mit einem Rakelbeschichter und einer stroboskopischen Hochgeschwindigkeitskamera zwei weitere Geräte konzipiert und realisiert, die den Grundstein für die spätere Analyse des Druckprozesses sowie reproduzierbare Druckergebnisse legten.
Im zweiten Querschnittsbereich wird der Übertragungsprozess näher charakterisiert. Hierbei wird die zugrunde liegende Jetdynamik grundlegend untersucht, da die Entstehung des Jets maßgeblich für den Zellfluidübertrag ist. Die Jetpropagation und das übertragene Volumen hängen direkt mit den Fluidcharakteristika der verwendeten Zellfluide, der Laserpulsenergie sowie der Fluidschichthöhe zusammen, weswegen ein tiefergehendes Verständnis der Prozessparameter und ihrer Einflüsse eine Grundvoraussetzung für die anschließende Proof-of-Concept Studie, das Drucken von lebenden Zellen, ist. Hierbei werden mittels etablierter biologischer Methoden die Überlebensrate, das Wachstumverhalten über einen längeren Zeitraum und die DNA-Schädigung gedruckter Zelltypen untersucht und die Ergebnisse dieser Untersuchungen im Hinblick auf spätere Zelldruck-Applikationen diskutiert.
Als Abschluss der vorliegenden experimentellen Arbeit werden mögliche Einsatzbereiche des laserbasierten Drucksystems vorgestellt. Es werden dreidimensionale Freiform-Geometrien mit unterschiedlichen Zelltypen hergestellt, anhand derer Gewebeentstehungsprozesse über einen zweiwöchigen *in-vitro*-Kultivierungszeitraum dokumentiert werden. Außerdem wird eine biologische Untersuchungsplattform drucktechnisch realisiert, die die Untersuchung von Zell-Zell- und Zell-Umgebungsinteraktionen ermöglicht.
Es folgt eine Zusammenfassung der Arbeit mit anschließendem Ausblick.

5 Materialien und Methoden

5.1 Erstellung und Charakterisierung der Solschichten

Die laserbasierte Drucktechnik funktioniert spritzen- und düsenfrei, da das Zell-Sol-Volumen direkt aus der Solschicht ausgetrieben wird. Dadurch werden allerdings auch an die Zell-Solschicht besondere Anforderungen hinsichtlich der Homogenität und Genauigkeit gestellt. Die Genauigkeit der Fluidschichten wird außer von dem verwendeten Beschichtungsverfahren maßgeblich von den rheologischen Eigenschaften des Fluides wie der Viskosität, der Oberflächenspannung, dem Benetzungs- und Fließverhalten bestimmt. Da diese Fluidkennwerte ebenfalls einen großen Einfluss auf die Jetübertragung, die in Kapitel 6.1 behandelt wird, haben, wird im Folgenden auf das verwendete Beschichtungsverfahren eingegangen, und es werden die rheologischen Methoden beschrieben, mit deren Hilfe sich die Sole und Solschichten charakterisieren lassen.

5.1.1 Homogenität von Fluidschichten

Die Erzeugung von homogenen Solschichten mit eingemischten Zellen auf dem Donor-Glasträger ist entscheidend für ein reproduzierbares Druckergebnis. Hierfür muss die Beschichtung die folgenden zwei Grundkriterien erfüllen:

1. Die Solschichthöhe muss über die gesamte Fläche des Donor-Glasträgers homogen und definiert sein.
2. Die Zelldichte muss über die gesamte Fläche des Donor-Glasträgers konstant sein.

Für die Erzeugung von flüssigen Schichten gibt es in der Fertigungstechnik verschiedene Beschichtungsverfahren, die in der DIN 8580 zusammengefasst werden, jedoch sind für die Beschichtung des Substrates mit zelltragenden Solen nur das Tauch-, Rotations- und Streichbeschichten geeignet (vgl. Abb. 5.1).

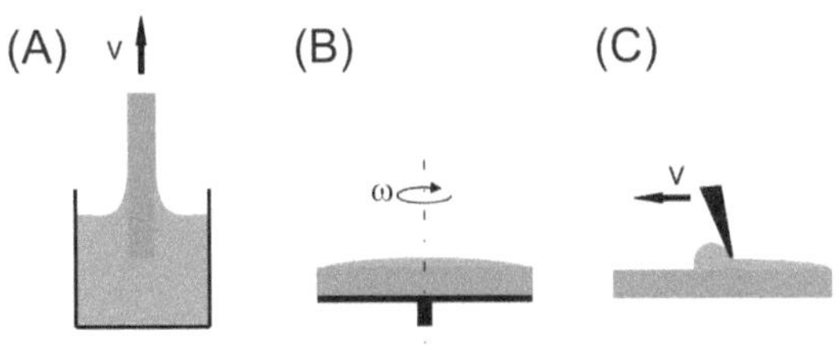

Abbildung 5.1: Schematische Darstellung von Beschichtungsverfahren für Flüssigschichten. (A) Tauchbeschichtung, (B) Rotationsbeschichtung und (C) Streichbeschichten

Von diesen drei Beschichtungsverfahren erfüllt nur die Streichbeschichtung (vgl. Abb. 5.1C) die genannten Kriterien, aus folgenden Gründen:
Bei Tauchbeschichtungen (vgl. Abb. 5.1A) kann die Zelldichte aufgrund des Absinkens der Zellen in dem Beschichtungsgefäß nicht kontrolliert werden.
Bei Rotationsbeschichtungen (vgl. Abb. 5.1B) schlägt sich nur ein geringer Bruchteil des eingesetzten Zell-Sol-Volumen sich als Schicht auf dem *Donor* nieder.
Streichbeschichten, üblicherweise „Rakeln" genannt, ist ein bekanntes Verfahren aus der Papierherstellung. Bei diesem Beschichtungsverfahren wird eine Rakel (z.B. Klinge oder Draht) mit einem definierten Abstand bei konstanter Geschwindigkeit über ein Substrat geführt. Hierbei wird das Fluid unter der Rakel durch den konstanten Vorschub gleichmäßig abgeschert, was zur Ausbildung einer weitgehend konstanten Solschicht führt.
Die Höhe der Schicht (h_S) kann stark vereinfacht durch fünf Faktoren abgeschätzt werden, dem Rakel-Substrat-Abstand h_{RS}, dem Vorschub v_0 sowie die Viskosität η, die Dichte ρ und die Oberflächenspannung σ des Sols [98]:

$$h_S \approx \frac{h_{RS}}{2} + \frac{1}{12\eta} * (\frac{\sigma}{2h_{RS}^2} + \rho g) * \frac{h_{RS}^3}{v_0}$$

Demnach wird die erreichte Schichthöhe entscheidend von dem Rakel-Substrat-Abstand und nur nachrangig von den Fluidkennwerten (Viskosität, Dichte und Oberflächenspannung) bestimmt, was bei *Newtonschen Fluiden* (η = Konst.) unter der Annahme eines inkompressiblen Fluids mit stationärem Materialfluß für die erzeugte Schichthöhe eine gute Näherung darstellt.
Diese Abschätzungsformel ist für *Nicht-Newtonsche Fluide*, die dynamisches Fließverhalten aufweisen, nur bedingt geeignet, da sich die Viskosität von Nicht-Newtonschen Fluiden über die aufgebrachte Scherung $\dot{\gamma}$ als Funktion des Vorschubes v_0 ändert:

$$\eta = f(\dot{\gamma})$$

Zudem wird nur die Oberflächenspannung σ des Fluides berücksichtigt, nicht aber die Oberflächenspannung des zu beschichtenden Substrats bzw. die Grenzflächenenergie zwischen Substrat und Fluid (vgl. Kapitel 5.1.3).
Da in dieser Arbeit ausschließlich *Nicht-Newtonsche Fluide* zum Einsatz kamen und die gleichmäßige Benetzung des Substrates eine Grundbedingung für homogene Schichten darstellt, soll im Folgenden näher auf die Fluidparameter Viskosität und Oberflächenspannung sowie ihre Ermittlung eingegangen werden. Abschließend wird die Bedeutung diskutiert, die die einzelnen Fluidparameter auf die Erzeugung von homogenen Fluidschichten mittels des Rakelns haben.

5.1.2 Viskosität und Fließverhalten

Die Viskosität eines Stoffes ist ein Maß für die innere Reibung und daher eine für die Betrachtung von fließfähigen Materialien wichtige physikalische Größe.
Der Einfluss der Viskosität lässt sich am Einfachsten an zwei planparallelen Platten erklären, zwischen denen sich ein fluides Medium befindet (siehe Abbildung 5.2).
Das fluide Medium zwischen den Platten mit dem Abstand *a* soll hierbei in eine endliche Anzahl paralleler Schichten aufgeteilt betrachtet werden, wie in Abbildung 5.2 (a) dargestellt ist. Um die Platte 1 nun mit der Geschwindigkeit v_1 parallel zu Platte 2 zu bewegen, wird eine Kraft *F* benötigt, die stark genug ist, die Haftreibung zu überwinden. Durch die Adhäsions-

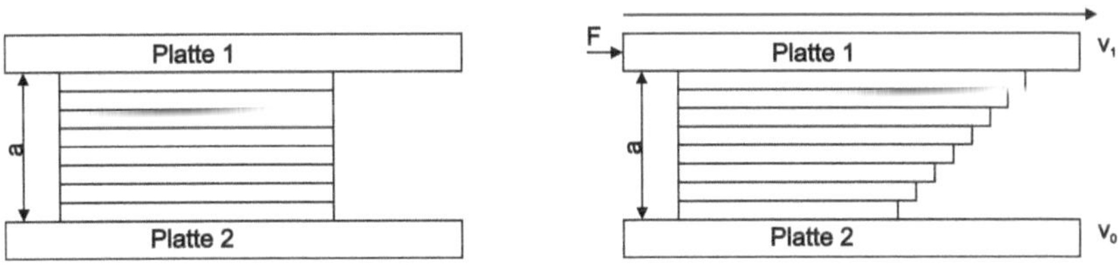

(a) Vor der Krafteinwirkung (b) Während der Krafteinwirkung

Abbildung 5.2: Schematische Darstellung einer Schichtenströmung zur Ableitung der Viskosität

kräfte zwischen der ersten Flüssigkeitsschicht und Platte 1 wird sie mit der Geschwindigkeit v_1 am Plattenrand mitbewegt. Durch die Fluidmoleküle der ersten bewegten Fluidschicht an Platte 1 wird ein bestimmter Betrag ihres Impulses über Kohäsionskräfte an die nächste Fluidschicht übertragen. Diese Schicht wiederum gibt ihren Impuls anteilig an die nächste weiter, bis sich zwischen der mit v_1 bewegenden Platte 1 und der stehenden Platte 2 ($v_0 = 0$) eine ideale Schichtenströmung (kontinuierlicher Geschwindigkeitsgradient) einstellt [99].
Um diese Strömung weiterhin aufrecht zu halten, wird Energie zur Bewegung von Platte 1 benötigt, welche irreversibel in Reibungswärme dissipiert. Diese Energie ist ein direktes Maß für die dynamische Viskosität η, welche im Folgenden als Scherviskosität bezeichnet werden soll. Um die Scherviskosität quantitativ erfassen zu können, wird der Flüssigkeit eine meßbare Geschwindigkeit aufgezwungen und gleichzeitig der Widerstand an einer Platte gemessen. Das Verhältnis aus Kraft zu Fläche stellt die Schubspannung τ dar, und die Geschwindigkeitsänderung pro Austauschschicht, bezogen auf den Abstand *a*, wird als Schergeschwindigkeit $\dot{\gamma}$ bezeichnet. Dieses Modell führt zum Newtonschen Viskositätsgesetz und stellt die direkte Proportionalität zwischen τ und $\dot{\gamma}$ dar [99]:

$$\frac{Kraft}{Flaeche} = \eta * \frac{\Delta Geschwindigkeit}{Abstand}$$

und somit:

$$\tau = \eta * \dot{\gamma}$$

Hierbei ist die Scherviskosität eine stoffspezifische Konstante, die zusätzlich noch von Druck und Temperatur abhängt. Sie steigt bei zunehmender Druckbeanspruchung [100]:

$$\eta_{p1} = \eta_{p0} * e^{\alpha * p1}$$

$\alpha = \frac{1}{p1} * ln\frac{\eta_{p1}}{\eta_{p0}}$	Viskositäts-Druckkoeffizient
$p0$	Umgebungsdruck
$p1$	Prozessdruck

und sinkt mit steigender Temperatur, was mit der Arrhenius-Andrade-Beziehung beschrieben werden kann:

$$\eta = \eta_0 * e^{\frac{E_A}{R*T}}$$

η_0 Materialkonstante
E_A Aktivierungsenergie des Diffusions- bzw. Platzwechselvorgangs
R universelle Gaskonstante
T absolute Temperatur

Eine typische Darstellungsform, mit der die Zusammenhänge zwischen der Viskosität eines Fluides, der Schergeschwindigkeit und der Schubspannung veranschaulicht werden, sind sogenannte Fließkurven, die das Fließverhalten unterschiedlich viskoser Stoffe widerspiegeln. Fluide wie z.B. Wasser, welche einen proportionalen Zusammenhang zwischen Schubspannung und Schergeschwindigkeit aufweisen, werden *Newtonsche Fluide* genannt. Neben dem *Newtonschen Fließverhalten* (vgl. Abb. 5.3) gibt es weitere Gruppen von Fluiden, deren Verhaltensweisen von den *Newtonschen Fluiden* abweichen, deren Fließverhalten allerdings ebenso von Fließkurven beschrieben werden kann.

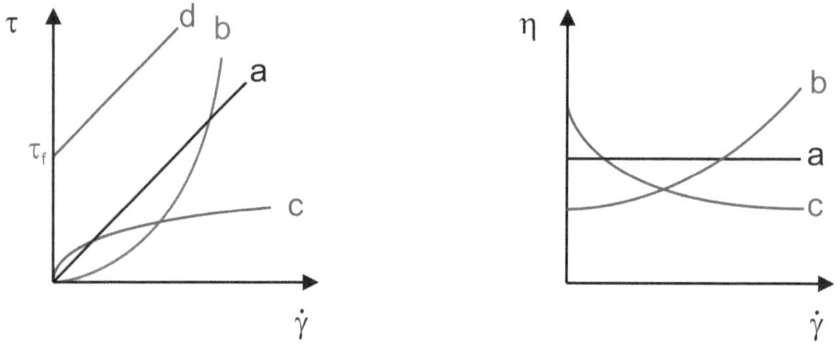

(a) τ über $\dot{\gamma}$ (b) η über $\dot{\gamma}$

Abbildung 5.3: Vereinfachte Darstellung der Fließ- und Viskositätskurven fließfähiger Systeme; (a) Newtonsches Verhalten, (b) dilatantes Verhalten, (c) strukturviskoses Verhalten, (d) plastisches Verhalten

Dieses *nicht-newtonsche* Verhalten macht sich durch eine nicht proportionale Abhängigkeit zwischen Schubspannung und Schergeschwindigkeit bemerkbar. Beispielsweise führt eine Verdopplung der Schergeschwindigkeit nicht zu einer Verdopplung der Schubspannung, weswegen derartige Stoffe auch *Nicht-Newtonsche Fluide* genannt werden.
Dilatantes Fließverhalten liegt vor, wenn mit steigender Schergeschwindigkeit eine Fließverfestigung (Anstieg der Scherviskosität) auftritt, d.h. das Fluid wird „zähflüssiger" bzw. der Widerstand des Fluides gegen den Fluss wird stärker. Ursachen für dieses Verhalten sind stärkere Interaktionen zwischen den Partikeln, welche die Gleiteigenschaften verschlechtern. Ein bekanntes Beispiel für dilatantes Fließverhalten ist ein Wasser-Stärkegemisch, welches sich bei geringen Rührgeschwindigkeiten annähernd flüssig verhält, sich jedoch mit steigender Rührgeschwindigkeit zunehmend verfestigt. Das gegensätzliche Verhalten hierzu wird strukturviskos genannt.

Bezeichnung	Gleichung	Anwendung
Allgemeine Potenzfunktion	$\tau = \eta * \dot{\gamma}^x$	Für Newtonsche (x=1), strukturviskose (x<1), dilatante (x>1) Flüssigkeiten
Bingham	$\tau = \tau_0 + \eta_{pl}\dot{\gamma}$	Viskoplastische Flüssigkeiten
Herschel-Bulkley	$\tau = \tau_0 + \eta * \dot{\gamma}^x$	Viskoplastische Flüssigkeiten, für x=1 wie Bingham
Carreau-Yasuda	$\frac{\eta-\eta_\infty}{\eta_0-\eta_\infty} = [1 + (\lambda * \dot{\gamma})^\eta]^{(x-1)/\eta}$	Pseudoplastisches Fließverhalten mit asymptotischen Viskositäten η_0 für $\dot{\gamma} = 0$ und η_∞ für $\dot{\gamma} \to \infty$
Cross	$\frac{\eta-\eta_\infty}{\eta_0-\eta_\infty} = \frac{1}{1+\lambda*\dot{\gamma}^x}$	Pseudoplastisches Fließen mit asymptotischen Viskositäten η_0 für $\dot{\gamma} = 0$ und η_∞ für $\dot{\gamma} \to \infty$
Ellis	$\eta = \frac{\eta_0}{1+(\tau/\tau_2)^{\eta-1}}$	Pseudoplastisches Fließen. Der Parameter τ_2 kann grob als die Schubspannung identifiziert werden, bei der η ungefähr auf die Hälfte des asymptotischen Werts η_0 gefallen ist.

Tabelle 5.1: Gängige Modelle zur Beschreibung von Fließkurven [101]

Strukturviskoses Fließverhalten wird immer bei Polymerfluiden oder bei Stoffen, die durch energetische Wechselwirkungen (Wasserstoffbrücken, ionische Interaktion usw.) Überstrukturen aufbauen können, beobachtet, d.h. dass mit steigender Schergeschwindigkeit die Scherviskosität abnimmt und der Stoff somit „leichter fließt". Polymerschmelzen, Ketchup und Blut sind bekannte Vertreter von strukturviskosem Fließverhalten, aber auch sämtliche Sole, die in dieser Arbeit genutzt werden, zeigen strukturviskoses Fließverhalten.
Diese drei grundlegenden Fließverhalten (Newton, dilatant, strukturviskos) können auch plastisches Verhalten aufweisen. Dieses zeigt sich im Auftreten einer Fließgrenze (τ_f), welche zuerst mit einer Mindestschubspannung überwunden werden muss, um Fließen zu gewährleisten [102].
Für das mathematische Beschreiben und Erstellen von Fließkurven gibt es eine Vielzahl von Ansätzen. Auch wenn im Rahmen dieser Arbeit ausschließlich die „Allgemeine Potenzfunktion" für die Erstellung der Fließkurven genutzt wird, werden die gängigsten Modelle zusammen mit den verwendeten Funktion in Tabelle 5.1 zusammengefasst.

Methodik zur Aufnahme von Fließkurven

Ein Teilgebiet der Rheologie ist die Rheometrie, welche spezifische Methoden und Meßverfahren zur Ermittlung rheologischer Kennwerte behandelt. Um diese rheologischen Größen beschreibbar zu machen, wurde eine Vielzahl von unterschiedlichen Rheometertypen entwickelt. Die Notwendigkeit hierzu ergab sich aus der Vielfältigkeit des Fließverhaltens von Stoffen und Stoffgemischen sowie ihren Materialfunktionen, welche rheologisch bestimmt werden sollten. Unterschieden werden Rheometer nach ihrem Funktionsprinzip in fünf Hauptgruppen:

1. Rotationsrheometer
2. Fallviskosimeter
3. Druckrheometer
4. Dehnrheometer
5. Prozessrheometer

Von diesen Hauptgruppen sind für die Aufnahme von Fließkurven *Nicht-Newtonscher Fluide* die Rotationsrheometer geeignet. Sämtliche Rotationsrheometer basieren auf der Grundlage von zwei rotationssymmetrischen Körpern, die durch die Messflüssigkeit getrennt sind und sich auf einer gemeinsamen Mittelachse befinden. Hierbei gibt die Umdrehungsgeschwindigkeit des bewegenden Körpers die Schergeschwindigkeit $\dot{\gamma}$ vor. Das dabei wirksame Drehmoment M kann gemessen werden und ist ein Maß für die Schubspannung τ [102].
Unterteilt werden Rotationsrheometer nach der Geometrie der Rotationspartner:

- Platte-Platte-Anordnung
- Koaxiale Zylinder
- Kegel-Platte-Anordnung

Die Namensgebung richtet sich nach dem angetriebenen Teil. Wird statt dem Kegel z.B. die Platte bei gleichzeitig feststehendem Kegel angetrieben, spricht man von einer Platte-Kegel-Anordnung.
Da in dieser Arbeit ausschließlich strukturviskose Fluide verwendet worden sind, wurde für die Aufnahme der Fließkurven und Bestimmung der Null-Scherviskosität[1] die Kegel-Platte-Anordnung verwendet.
Diese Anordnung (siehe Abbildung 5.4) besteht aus einem rotierenden Kegel auf einer feststehenden Platte. Hierbei soll die Kegelspitze die Platte idealerweise punktuell berühren. In der Realität ist die Kegelspitze leicht abgerundet, um Verfälschung einer der Messergebnisse durch Kontaktreibung vorzubeugen.

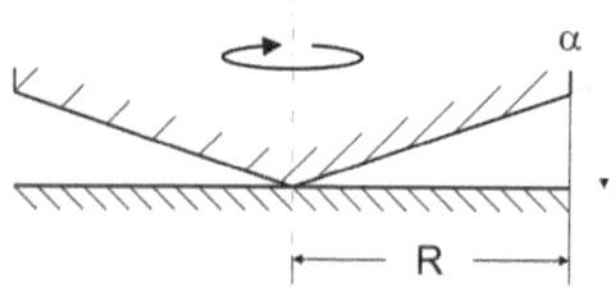

Abbildung 5.4: Schematische Darstellung der Kegel-Platte-Anordnung

[1] approximierter Viskositätswert bei $\dot{\gamma} \approx 0$

Durch diese Form der Anordnung bildet sich unter der Voraussetzung von einem kleinen Öffnungswinkel (üblicherweise $\alpha < 2$ °) und schleichender Strömung[2] eine lineares Geschwindigkeitsprofil (siehe Abbildung 5.5) in Rotationsrichtung $v_\omega = f(\alpha)$ aus [103].

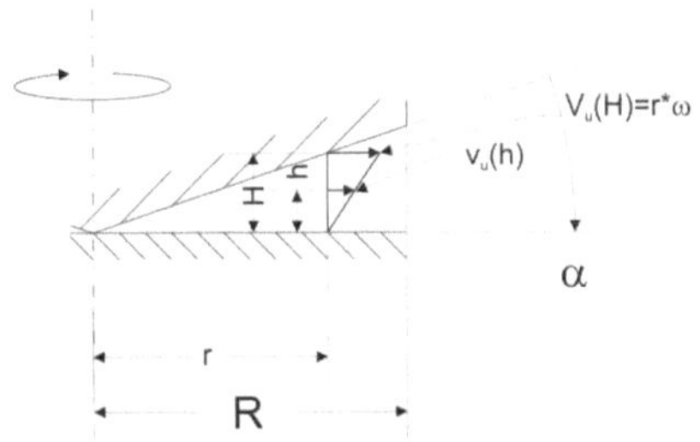

Abbildung 5.5: Geschwindigkeitsprofil in Rotationsrichtung für die Kegel-Platte-Anordnung. Der Kegel rotiert mit der Winkelgeschwindigkeit ω, die parallele Schichtenströmung bildet sich in Rotationsrichtung aus

Durch die Geometrie dieser Anordnung ist zudem die Schergeschwindigkeit im gesamten Scherspalt konstant und es gilt:

$$\dot{\gamma} = \frac{v_u(H, v)}{H} \Rightarrow \dot{\gamma} = \frac{r * \omega}{tan(\alpha) * r} \approx \frac{\omega}{\alpha}, \alpha << 0,5$$

Hierüber ergibt sich für *Newtonsche Fluide* die Schubspannung und die Scherviskosität bei dem wirksamen Drehmoment M aus [102]:

$$\tau = \frac{3 * M}{2 * \pi * R^3}$$

$$\eta = \frac{3 * M * \alpha}{2 * \pi * R^3 * \omega}$$

Der Vorteil dieser Anordnung ist, dass $\dot{\gamma}$ über den gesamten Radius konstant ist und somit eine aufwendige Korrektur für die Ermittlung der Scherviskositäten von nicht-newtonschen Fluiden nicht notwendig ist.

Für die durchgeführten Messungen wurde das Rotationsrheometer Fluids Spectrometer RFS II der Firma Rheometrics Scientific (USA) verwendet, welches freundlicherweise vom Institut für Mehrphasenprozesse der Leibniz Universität Hannover zur Verfügung gestellt wurde.

[2]Strömungen, bei denen die Reibungskräfte sehr viel größer als die Trägheitskräfte sind

Einfluss der Sol-Viskosität auf die Schichterstellung

Die Steuerung und Kenntnis der Viskosität und des fluidalen Fließverhaltens ist in mehrfacher Hinsicht von großem Interesse für den laserbasierten Druckprozess. Hierdurch wird während des Druckprozesses das Volumen des gedruckten Tropfens maßgeblich mitbestimmt, worauf in Kapitel 6.1.1 detaillierter eingegangen wird. Zudem ist es für das Rakeln homogener und reproduzierbarer Sol-Schichten sowie die dafür notwendigen Prozessparametern elementar. Unterschieden wird im Folgenden zwischen der *Null-Scherviskosität* des ruhenden Soles ($\dot{\gamma} = 0$) und der *Scherviskosität* des bewegten Soles ($\dot{\gamma} \neq 0$).
Die *Null-Scherviskosität* ist ein Maß für die Stabilität der erzeugten Solschicht während des laserbasierten Druckprozesses. Wie in Kapitel 2.1.3 beschrieben, wird der *Donor* mit der Solschicht nach unten in dem Aufbau angebracht. Die Solschicht wird vorher durch den Rakelprozess im liegenden Zustand, d.h. mit der Fluidschicht nach oben, erzeugt. Deshalb muss der *Donor* vor dem Druckprozess gedreht werden, was ein Verlaufen der Solschicht zur Folge hat, zudem können Fertigungstoleranzen der Rahmenhalterung zu einer leichten Fehlstellung des *Donors* führen, was wiederum zu einem langsamen Verlaufen der Solschicht führt. Gegen das Verlaufen des Soles und dadurch bedingte Unregelmäßigkeiten der Solschicht wirkt die *Null-Scherviskosität*. Generell bedeutet das, je größer die *Null-Scherviskosität* des Soles ist, desto unempfindlicher wird die erzeugte Solschicht gegen prozessbedingte Störeinflüsse. Allerdings führt die Erhöhung der *Null-Viskosität* des Soles mit den eingemischten Zellen ab einem Grenzwert[3] zu einer Zellimmobilisierung, weswegen die *Null-Scherviskositäten* der Gesamtsole für die Experimente üblicherweise im Bereich zwischen 0,075 und 0,75 Pa*s eingestellt wurden.
In Abbildung 5.6 wird anhand der Sekundärkomponente Alginat verdeutlicht, welchen Einfluss die Alginatkonzentration[4] und das bereits erwähnte M:G-Verhältnis (vgl. Kapitel 2.2.2) auf die Scherviskosität der sekundären Solkomponente haben (Hyaluronsäure analog).

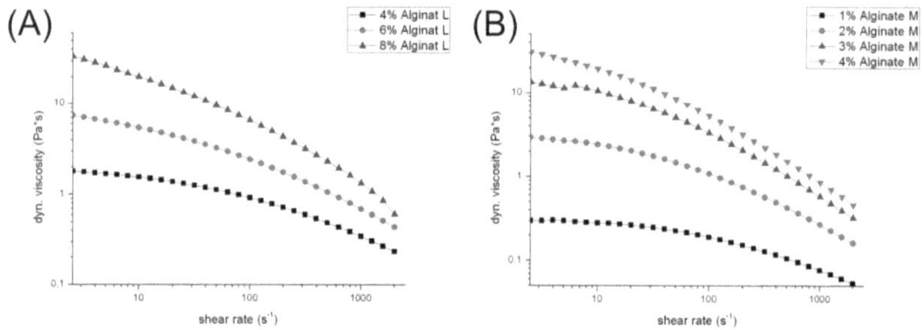

Abbildung 5.6: Gegenüberstellung der Fließkurven von zwei Alginat-Sekundärsolen mit unterschiedlichen M:G-Verhältnissen. AlginatL bezeichnet „low viscosity“ und AlginatM „medium viscosity“

Je nach Konzentration und M:G-Verhältnis des Alginats kann die *Null-Scherviskosität* der Sekundärkomponente in einem Bereich von 10^{-3} Pa*s bis 30 Pa*s eingestellt werden[5]. Durch

[3]Grenzwert variiert bei unterschiedlichen Zelltypen
[4]Angabe in Massenprozent
[5]10^{-3}Pa*s ist die Viskosität von Wasser ohne Einmischung von Alginat.

diesen großen Viskositätsbereich kann die *Null-Scherviskosität* des zelltragenden Gesamtsoles sehr genau angepasst werden. Jedoch ändert sich die *Null-Scherviskosität* des Gesamtsoles leicht durch die Sterilisierung der einzelnen Solkomponenten mittels Filtration (vgl. Abb. 5.7), was hierbei mit berücksichtigt werden muss.

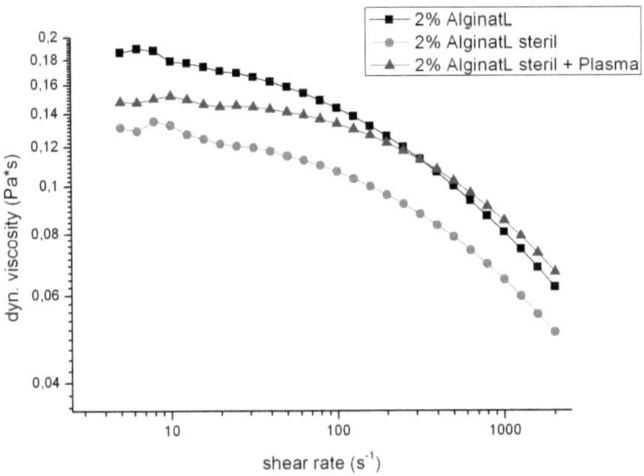

Abbildung 5.7: Einfluss der Sterilfiltrierung der Sekundärkomponente auf das Fließverhalten. Messung erfolgte bei θ = 21 °C = Konst.

Alle verwendeten Gesamtsole zeichnen sich durch ein strukturviskoses Fließverhalten (vgl. Abb. 5.7) aus, d.h. mit steigernder Schergeschwindigkeit sinkt die *Scherviskosität* und das Sol „fließt leichter". Für den Rakelprozess bedeutet das, dass der Vorschub v_0 der Rakeln möglichst hoch sein muss, da in dem Bereich großer Schergeschwindigkeiten das zelltragende Sol sehr „leicht fließt". Außerdem werden die eingemischten Zellen bei hohen Schergeschwindigkeiten geringeren Scherbeanspruchungen ausgesetzt, da sich die *Scherviskosität* bei hohen Schergeschwindigkeiten minimiert und somit der Widerstand des Zell-Soles gegen die induzierte Scherbelastung verringert wird.

Zusätzlich dienen die aufgenommenen Fließkurven als Hilfe zur Ermittlung des optimalen Vorschubes für das Rakeln verschiedener Solkombinationen. Unterschiedliche Zelltypen benötigen verschiedene Solkomponenten, deren *Null-Scherviskositäten* spezifisch auf den Anwendungsfall eingestellt werden können. Hierdurch erhält man eine große Variation von zelltragenden Solen, die zwar alle strukturviskoses Fließverhalten aufweisen, deren Scherviskositäten jedoch stark unterschiedlich ausfallen können. Um vergleichbare Solschichten zu erzeugen, wird deshalb der Vorschub v_0 der Rakel so gewählt, dass sich bei zwei unterschiedlichen Solen in Abhängigkeit vom Vorschub die gleichen Scherviskositäten einstellen. Zur Veranschaulichung der Vorschubeinstellung sollen eine 4%ige und eine 6%ige AlginatL-Lösung betrachtet werden, deren Fließverhalten und *Null-Viskosität* in Abbildung 5.6 dargestellt sind.

Die 4%ige Lösung weist eine *Null-Scherviskosität* von $\sim$ 2 Pa*s und die 6%ige Lösung eine *Null-Scherviskosität* von $\sim$ 10 Pa*s auf. Ab einer Schergeschwindigkeit von $\approx$ 130 Umdrehungen besitzt die 6%ige ungefähr den gleichen Scherviskositätswert, wie die *Null-Viskosität* der 4%igen-Lösung. Um ein möglichst geringe Scherung der eingemischten Zellen zu erreichen, wird allerdings nicht der erste Bereich der Viskositäten bei der Null-Scherviskosität der 4%igen-Lösung genommen, sondern der letzte Wert, der sich bei der 4%igen-Lösung bei $\sim$ 600 Umdrehungen und bei der 6%igen-Lösung bei $\sim$ 2000 Umdrehungen zu einer Scherviskosität von $\sim$ 0,43 Pa*s einstellt. Somit ergibt sich die Vorschubgeschwindigkeit $v_{4\%}$ ($v_{6\%}$ verläuft analog) wie folgt:

$$\dot{\gamma}_{4\%} = \frac{\omega_{4\%}}{\alpha} = \frac{v_{4\%}}{\alpha * r} \Rightarrow v_{4\%} = \dot{\gamma}_{4\%} * \alpha * r$$

α Kegelöffnungswinkel
r Kegelradius

Somit wird bei unterschiedlichen Solen erreicht, dass die Scherviskositäten über den eingestellten Vorschub bei den Solen vergleichbar sind. Durch die Anpassung des Rakel-Substrat-Abstandes h_{RS} ergeben sich somit wieder vergleichbare Schichthöhen h_S von unterschiedlichen Solen mit der in Kapitel 5.1.1 vorgestellten Abschätzungsformel unter der Annahme von gleichen Dichten ρ und Oberflächenspannungen σ.
Neben dem Viskositätseinfluss wird die Homogenität und Reproduzierbarkeit von erzeugten Solschichten durch das Benetzungverhalten der Sole auf der Donor- und Rakeloberfläche bestimmt, worauf im folgenden Kapitel näher eingegangen wird.

5.1.3 Oberflächenspannung und Grenzflächenenergie

Neben der Dichte und der Viskosität ist die *Oberflächenspannung* die dritte wesentliche Eigenschaft von Fluiden bzw. Solen. Unter dem Begriff *Oberflächenspannung* versteht man die an einer flüssigen Oberfläche wirkende Spannung, die bestrebt ist, die Oberfläche zu verkleinern. Diesen Zusammenhang kennt man aus der alltäglichen Betrachtung von Wasser, das aus einem Wasserhahn tropft. Der Wassertropfen wird unabhängig vom Volumen im freien Fall eine kugelförmige Geometrie annehmen, was auf die Wechselwirkung der Oberfläche des Wassers mit dem umgebenden Medium (in diesem Beispiel Luft) zurückzuführen ist. Diese Wechselwirkung ist in Abbildung 5.8 anhand eines Oberflächen- und eines Volumenmoleküles in einem Fluid schematisch dargestellt.

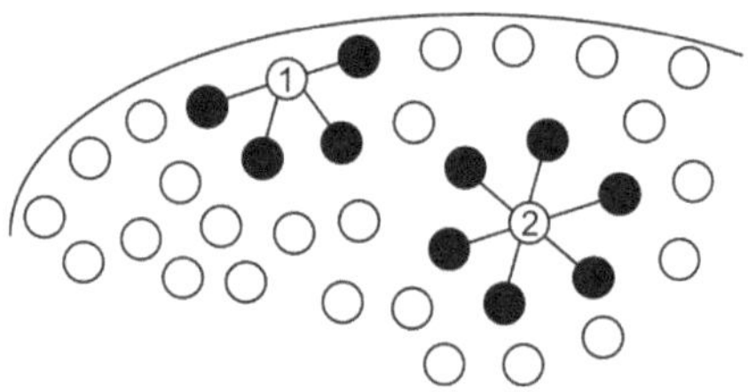

Abbildung 5.8: Molekulare Wechselwirkung an einer fluiden Grenzfläche

Der Zusammenhalt der fluiden Phase wird über die Molekülanziehung durch Van-der-Waals Kräfte bewirkt. Innerhalb einer Phase, also im Volumen, erfährt das Molekül „2“ von benachbarten Molekülen Kräfte, die isotrop[6] sind. Die Anziehungskräfte, die das Molekül „1“ an der Grenzfläche zwischen Fluid und Gas erfährt sind im Unterschied zu Moleküle „2“ im Volumen nicht mehr isotrop, wodurch eine Kraft resultiert, die in das Innere des Volumen gerichtet ist. Dies führt dazu, dass das System die Tendenz hat, seine Grenzfläche und damit die *Grenzflächenenergie* zu minimieren.
Ein anschauliches Beispiel für die Definition der *Oberflächenspannung* σ ist die Vergrößerung der Oberfläche einer Seifenlamelle in einem verschiebbaren Rahmen (vgl. Abb. 5.9).

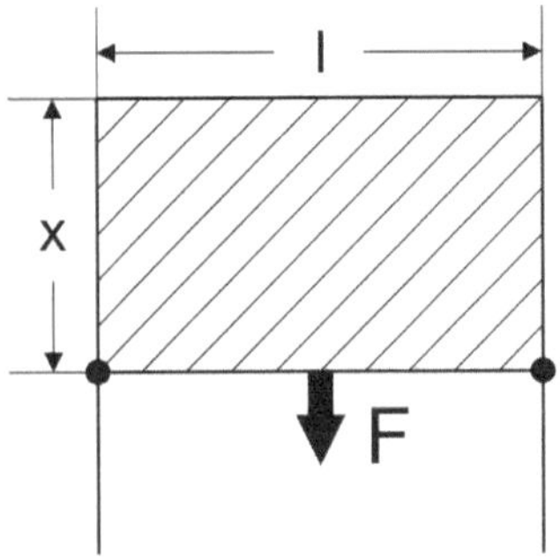

Abbildung 5.9: Vergrößerung der Oberfläche einer Seifenlamelle in einem verschiebbaren Rahmen

In einem ruhenden System ist die Oberfläche der Seifenlamelle durch $A = l * x$ gegeben. Da die Lamelle zwei Oberflächen besitzt, ist die Gesamtfläche $A = 2 * l * x$. Um die Oberfläche der Lamelle durch eine Verschiebung des Rahmens um dx zu vergrößern muss Arbeit dW aufgewendet werden, die der *Oberflächenspannung* σ entgegen wirkt:

$$dW = F * dx = \frac{F}{2 * l} * 2 * l * dx = \frac{F}{2 * l} * dA \Rightarrow \frac{dW}{dA} = \frac{F}{2 * l} = \sigma$$

Somit ist die *Oberflächenspannung* definiert als eine Kraft pro Länge ($\frac{N}{m}$) oder alternativ Energie pro Fläche ($\frac{Nm}{m^2}$). Bei einer Oberflächenvergrößerung muss deshalb Arbeit gegen die molekularen Kräfte verrichtet werden, um zusätzliche Volumenmoleküle aus einem energetischen Gleichgewichtszustand in den energetisch ungünstigeren Zustand an der Oberflächen zu verschieben. Der Begriff *Oberflächenspannung* ist historisch bedingt und beschreibt keine mechanische Spannung ($\frac{N}{m^2}$) im eigentlichen Sinne, sondern eine *Oberflächenenergie* ($\frac{Nm}{m^2}$). Zudem ist die *Oberflächenspannung* bzw. *-energie* eigentlich eine *Grenzflächenenergie*, da die *Oberflächenspannung* immer an der Grenzfläche eines Fluides bzw. Festkörpers mit dem umgebenden Medium, wie z.B. Luft, wirkt. Im Folgenden sollen deshalb unter dem Begriff *Oberflächenspannung* die Eigenschaft einer flüssigen (Flüssig-Gas mit σ_{FG}) oder festen Oberfläche („Solid“-Gas mit σ_{SG}), die an Luft grenzt, bezeichnet werden und als „Grenzflächenenergie“ die Wechselwirkung einer flüssigen auf einer feste Phase (mit γ_{FS}).

[6] gleichmäßig über alle Raumrichtungen

Methoden zur Bestimmung der Oberflächenspannung und des Benetzungsverhaltens

Für die Bestimmung der *Oberflächenspannung* von Fluiden gibt es eine Reihe von unterschiedlichen Methoden. Für die Vermessung der hier vorgestellten Sole kam die „Pendant Drop“-Methode („Hängender Tropfen“) zum Einsatz (vgl. Abb. 5.10).

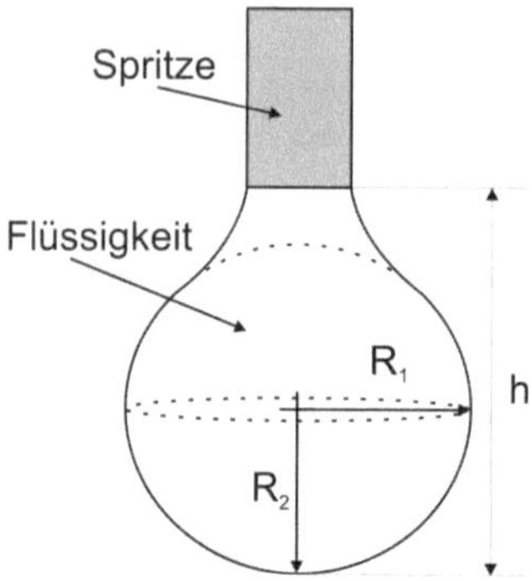

Abbildung 5.10: Methode des hängenden Tropfens zur Bestimmung der Oberflächenspannung von Fluiden

Bei dieser Methode wird die Messflüssigkeit aus einer Spritze gedrückt und es entsteht ein hängender Tropfen. Das Tropfenvolumen wird so dosiert, dass der Tropfen gerade nicht abreißt und sich ein Gleichgewichtszustand einstellt. Dieser Gleichgewichtszustand wird hauptsächlich durch zwei Kräfte bestimmt, der Schwerkraft und der *Oberflächenspannung*, welcher der Schwerkraft entgegen wirkt. Die Form des hängenden Tropfens ist dabei charakteristisch für den Gleichgewichtzustand der wirkenden Kräfte und kann durch die Young-Laplace-Gleichung [104] beschrieben werden:

$$\sigma_{FG} * (\frac{1}{R_1} + \frac{1}{R_2}) = \rho * g * h$$

σ_{FG}	Oberflächenspannung des Fluides
R_1, R_2	Hauptkrümmungsradien
ρ	Dichte der Messflüssigkeit
g	Erdbeschleunigung
h	vertikale Höhe des hängenden Tropfens

Im Gegensatz zu der *Oberflächenspannung* von Flüssigkeiten können die *Oberflächenspannungen* von starren Festkörpern nur indirekt über eine 3-Phasen-Betrachtung ermittelt werden [105].

In Abbildung 5.11 ist die Methode der 3-Phasen-Betrachtung, der sogenannten Kontaktwinkelmessung, dargestellt. Bei dieser Methode wird ein Flüssigkeitstropfen auf einer ideal glatten und starren Festkörperoberfläche aufgebracht. Nachdem sich ein Gleichgewicht eingestellt hat, d.h. der Tropfen auf der Festkörperoberfläche ruht, kann an der Stelle des 3-Phasen-Punktes ein Kontaktwinkel θ zwischen der Tangente am Tropfenrand und der Festkörperoberfläche beobachtet werden. Über eine Energiebilanz des 3-Phasen-Systems und unter Zuhil-

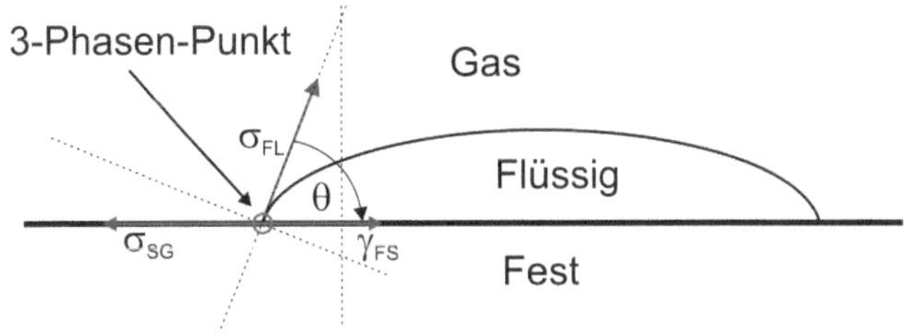

Abbildung 5.11: Kontaktwinkel am 3-Phasen-Punkt eines liegenden Tropfens

fenahme des Kontaktwinkels θ sowie der bekannten *Oberflächenspannung* des Fluides σ_{FG} kann man über die Young-Gleichung [105] die *Oberflächenspannung* des Festkörpers σ_{SG} in Abhängigkeit der Grenzflächenenergie γ_{FS} ermitteln:

$$\sigma_{SG} - \gamma_{FS} = \sigma_{FG} * cos(\theta)$$

Mit Hilfe der Zustandsgleichung von Neumann [106] kann danach die Oberflächenspannung des Festkörpers σ_{SG} ermittelt werden:

$$\gamma_{FS} = \frac{(\sqrt{\sigma_{SG}} - \sqrt{\sigma_{FG}})^2}{1 - a\sqrt{\sigma_{SG}\sigma_{FG}}}, \text{ mit } a = 15m^2J^{-1}$$

Der Kontaktwinkel θ spiegelt das Benetzungsverhalten einer Flüssigkeit auf einem Festkörper wieder. Wie aus Abbildung 5.11 ersichtlich ist, korrelieren kleinere Winkelwerte von θ mit der besseren Benetzung der Festkörperoberfläche, d.h. die Haftung bzw. Adhäsion der Flüssigkeit auf der Festkörperoberfläche wird verbessert. Diesen Zusammenhang beschrieb Dupré mit der Adhäsionsarbeit W_a:

$$W_a = \sigma_{FG} + \sigma_{SG} - \gamma_{FS}$$

Hierbei ist die Adhäsionarbeit definiert als die Arbeit die benötigt wird um einen Tropfen von dem Festkörper abzulösen, d.h. die Arbeit, die für die Erzeugung zweier neuer Oberflächen (Flüssig/Gas und Fest/Gas) abzüglich der Arbeit für die Erzeugung einer Grenzfläche Fest/Flüssig benötigt wird. Hiermit ergibt sich die Young-Dupré-Gleichung:

$$W_a = \sigma_{FG} * (1 + cos(\theta))$$

Durch diesen Zusammenhang zwischen der Adhäsionsarbeit W_a und dem Kontaktwinkel θ ist ersichtlich, dass die Adhäsionsarbeit W_a für kleinere Winkel θ zunimmt und bei $\theta = 0$ den Maximalwert von $W_a = 2 * \sigma_{FG}$ (vgl. Abb. 5.12) erreicht. Da die Grenzflächenenergie γ_{FS} gegenüber den Oberflächenspannungen σ_{FG} und σ_{SG} meist vernachlässigbar klein ist, ergeben sich durch die Young-Gleichung nach [107] folgende empirische Zusammenhänge:

- Eine Flüssigkeit mit geringer Oberflächenspannung σ_{FG} kann leicht benetzen.
- Ein Festkörper mit hoher Oberflächenspannung σ_{SG} kann leicht benetzt werden.
- Die Benetzung ist umso besser, je größer die Differenz zwischen den Oberflächenspannungen des Festkörpers σ_{SG} und des Fluides σ_{FG} ist.

Diese Zusammenhänge sind für die Erstellung von homogenen Solschichten elementar und werden im folgenden Kapitel diskutiert. Für die Ermittlung der Oberflächenspannungen σ_{FG} und σ_{SG} sowie des Kontaktwinkels θ kam das Kontaktwinkelmessgerät OCA-40 der Firma DataPhysics Instruments GmbH (Deutschland) zum Einsatz.

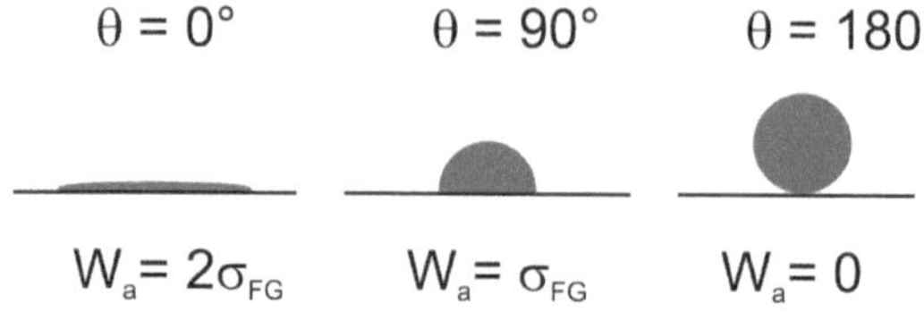

Abbildung 5.12: Benetzungsverhalten und die Adhäsionsarbeit für verschiedene Kontaktwinkel

Einfluss der Oberflächenspannungen auf die Schichterstellung

Wie aus Abbildung 5.11 ersichtlich ist, lassen sich bei Kenntnis der Oberflächenspannung des Sols und des Kontaktwinkels bzw. Benetzungswinkels Aussagen über das Benetzungsverhalten und die Stabilität sowie Homogenität der erzeugten Solschicht treffen. Im optimalen Fall spreitet das Sol ohne äußere Krafteinwirkung direkt, d.h. dass $\theta = 0°$ und somit $W_a = 2 * \sigma_{FG}$ sind.
Allerdings muss für die optimale Benetzung bei der Schichterstellung erstmal grundsätzlich dafür gesorgt werden, dass das Sol die Absorberoberfläche benetzten kann.
Homogene Solschichten werden außer durch die Benetzung des Sols auf der Absorberschicht noch durch den Rakelprozess und die im Solkontakt stehenden Oberflächen mitbestimmt. Dieser Zusammenhang ist schematisch in Abb. 5.13 dargestellt.

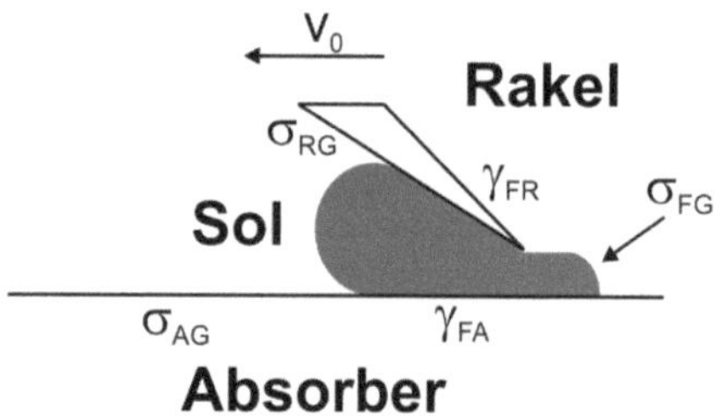

Abbildung 5.13: Einfluss der Oberflächenspannung und Grenzflächenenergien während des Rakelprozesses

Gut zu erkennen ist hier, dass neben der Absorberschicht aus Gold auch noch die Rakeloberfläche im direkten Kontakt mit dem zelltragenden Sol steht, d.h. für gleichmäßige Schichten müssen sowohl die *Oberflächenspannung* des Soles σ_{FG} als auch die *Oberflächenspannungen* σ_{AG} und σ_{RG} sowie die *Grenzflächenenergien* γ_{FA} und γ_{FR} der beteiligten Festkörper (Absorberschicht/Rakel) berücksichtigt werden. Diese Parameter sind zwar stoffspezifische Größen, sie lassen sich allerdings in Relation zueinander durch geeignete Materialkombinationen (Rakel/Absorber) derart verändern, dass eine möglichst homogene zelltragende Solschicht auf dem Absorber erzielt werden kann.

Wie bereits beschrieben werden Flüssigkeiten mit geringer *Oberflächenspannung* σ_{FG} einen beliebigen Festkörper besser benetzen als Flüssigkeiten mit höherer *Oberflächenspannung*. Diesen Effekt macht man sich in unterschiedlichen Prozessen zunutze, indem man spezifische grenzflächenaktive Substanzen, sogenannte Tenside, den Prozessfluiden beimengt. Für die hier verwendeten zelltragenden Sole sind diese Zusatzstoffe jedoch nur bedingt geeignet, da Tenside mit den im Sol eingemischten Zellen auf unterschiedliche Weise interagieren. Hierbei wird generell zwischen ionischen und nicht-ionischen Tensiden unterschieden [105]. Der Einsatz von ionischen Tensiden führt in den meisten Fällen zur Auflösung der Zellmembran, was den Tod der Zelle bedeutet. Die nicht-ionischen Tenside hingegen sorgen für eine Permeabilisierung der Zellmembran, die zwar aus physiologischer Sicht unbedenklich ist, aber die Barriereeigenschaften der Zellmembran erheblich beeinträchtigt [105]. Hierdurch können unkontrollierbare Effekte induziert werden. Ein weiterer Punkt, der gegen den Einsatz von nicht-ionischen Tensiden spricht, ist aus Abbildung 5.13 ersichtlich. Zwar würde eine Verringerung von σ_{FG} eine bessere Benetzung der Absorberoberfläche bedeuten, jedoch gilt der gleiche Zusammenhang ebenso für die Rakeloberfläche, auf der eine gute Benetzung nicht gewünscht ist.
Im Gegensatz zu dem Sol sind die Materialien der Rakel und des Absorbers nicht im direkten Kontakt mit den eingebetteten Zellen, sondern nur mit der oberflächennahen Grenzschicht des Soles. Daraus folgt, dass die Materialpaarung Rakel/Absorber unter einigen Grundbedingungen frei wählbar ist:

Absorbermaterial:

- Das Material muss für die verwendete Wellenlänge (λ=1064 nm) hoch absorbierend sein.
- Das Material sowie seine Fragmente müssen biokompatibel sein.
- Das Material muss sich von dem Sol gut benetzten lassen.

Rakelmaterial:

- Das Material muss sich von dem Sol schlecht benetzen lassen.

Um gleichmäßige Schichten auf dem Absorber zu erzielen, muss das Sol im optimalen Fall auf der Oberfläche spreiten (θ = 0° und $W_{Abs} = 2 * \sigma_{FG}$), wohingegen die Benetzung der Rakeloberfläche vermieden werden muss (im optimalen Fall θ = 180° und W_{Rak} = 0), da eine Benetzung der Rakeloberfläche bei θ < 90° zum Verlauf des Soles auf der rückseitigen Rakeloberfläche führen würde und die gerakelte Solschicht hinter der Rakel durch Solabrisse inhomogen werden würde.
In dieser Paarung stellen θ = 0° und θ = 180° nur theoretische Maximalwerte dar, deshalb muss die Materialpaarung derart gewählt werden, dass nach Young-Dupré die Differenz zwischen W_{Abs} und W_{Rak} (unter der Annahme von σ_{FG} = konst.) maximal wird. Da das Sol mit beiden Festkörpermaterialien gleichzeitig im Kontakt steht und σ_{FG} somit gleichmäßig in die Berechnung der Adhäsionsarbeiten W_{Abs} und W_{Rak} eingeht, kann es in diesem Zusammenhang vernachlässigt werden. Zudem sind die *Oberflächenspannungen* aller hier verwendeten Sole sehr ähnlich und liegen bei 48,4±2,3 mJ/m^2 (mean ± SD [7]).

[7] eng.: standard deviation

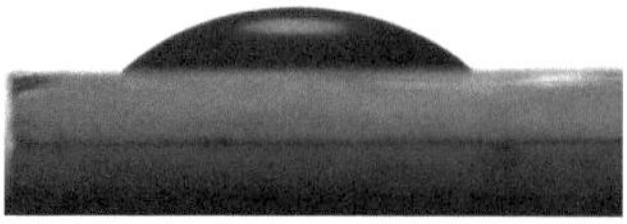

(a) Gold

(b) Teflon

Abbildung 5.14: Kontaktwinkel eines 2%igen Alginat-Blutplasma Soles auf unterschiedlichen Materialien

Das limitierende Element in dieser Paarung ist das Absorbermaterial, da das Material bei 1064 nm hoch absorbierend und biokompatibel sein muss. Gold erfüllt diese Voraussetzungen und kann zudem über Sputter- oder Verdampfungsanlagen mit hoher Genauigkeit (üblicherweise ± 1 nm) als Schicht auf dem Donor-Glasträger aufgebracht werden. Seine Oberflächenspannung ist mit 1550 mJ/m^2 [108] hinreichend hoch. Die Kontaktwinkel aller verwendeten Sole liegen bei 51,6°±7,9° (mean±SD) und bestätigen ein gutes Benetzungsverhalten der Goldschicht (vgl. 5.14a). Über Young-Dupré folgt somit eine Adhäsionsarbeit von W_{Abs} = 78,41 mJ/m^2 (mean).
Als Material für die Rakeln kam Teflon zum Einsatz, entweder über Teflon-beschichtete Rakelklingen oder als Voll-Zylinder zum Walzen der Solschicht. Teflon zeichnet sich im Vergleich zu Gold durch eine geringere Oberflächenspannung von 19 mJ/m^2 [108] aus und auch die erzielten Kontaktwinkel, über alle verwendeten Sole, bestätigen mit einem Kontakwinkel von 101,4°±4,6° (mean±SD) eine schlechte Benetzung der Teflon-Oberfläche (vgl. Abb. 5.14b), was zu einer Adhäsionsarbeit von W_{Rak} = 38,72 mJ/m^2 (mean) führt.
Da somit die Grundbedingung von $W_{Abs} \gg W_{Rak}$ erfüllt wurde, konnten durch diese Materialpaarung hinreichend homogene Solschichten mit dem entwickelten Beschichter (vgl. Kapitel 5.2.2) hergestellt werden, die die Reproduzierbarkeit der Druckergebnisse gewährleisteten.

5.2 Entwicklung und experimenteller Aufbau der Drucksystemkomponenten

In dieser Arbeit wurde ein laserbasiertes Drucksystem für die schädigungsfreie Übertragung von lebenden Zellen entwickelt und aufgebaut. Dieses Drucksystem besteht außer aus dem verwendeten Laser sowie der optischen Strahlführung und -formung aus mechanischen und elektrischen Komponenten, die im Kapitel 5.2.1 thematisiert werden. Zudem wird auf die hardware- und softwareseitige Steuerung des Drucksystems eingegangen, die die computergesteuerte Realisierung von 2D-Strukturen mit hoher Auflösung ermöglicht.
Bei dem Drucksystem ist die Erzeugung von homogenen Solschichten eine Grundvoraussetzung für ein reproduzierbares Druckergebnis. Da kommerziell erhältliche Beschichtungsapparate für das Aufbringen von Zell-Solen nicht geeignet waren, wurde im Zuge dieser Arbeit ein Beschichtungsapparat entwickelt, der zwei Beschichtungsverfahren (Rakeln und Rotationsbeschichten) kombiniert und in Kapitel 5.2.2 vorgestellt wird.
Der eigentliche Übertragungsprozess basiert auf der Entstehung eines Jets, welche innerhalb weniger µs abläuft und von den Materialeigenschaften der unterschiedlichen Sole stark beeinflusst wird. Um Aussagen über diese Einflussparameter treffen zu können, wurde in dieser Arbeit eine stroboskopische Prozessvisualisierung entwickelt und aufgebaut, die es ermöglicht, den Jetübertragungsprozess mit hoher zeitlicher Auflösung ($\approx$ 10 ns) aufzunehmen. Dieser Kameraaufbau und die Triggerung werden in Kapitel 5.2.3 zusammen mit den dazugehörigen Steuerungskomponenten vorgestellt.

5.2.1 Aufbau des laserbasierten Drucksystems

In Abbildung 5.15 ist der Aufbau des laserbasierten Drucksystems schematisch dargestellt. Wie in Kapitel 2.1.3 erwähnt besteht der grundsätzliche Aufbau des Drucksystems aus einem gepulsten Laser sowie zwei planparallel angebrachten Haltern, dem oberen, der das Donor-Glasplättchen mit der Zell-Sol-Schicht hält, und dem unteren, der das Kollektor-Glasplättchen mit dem erzeugten Druckmuster trägt.
Als Laser kam ein diodengepumpter Nd:YAG-Festkörper-Laser[8] „DIVA II" der Firma Thales Optronique S.A. zum Einsatz. Dieser emittiert Laserpulse mit einer Pulslänge von $\sim$ 10 ns bei einer Wellenlänge von 1064 nm und einer Pulswiederholrate von 20 Hz. Sein Strahlprofil ist ein TEM_{00}-Mode[9] und durch ein geringes M^2 von $< 1{,}1$ nahezu gaußförmig und daher gut fokussierbar. Dieser Laser wird aktiv gütegeschaltet, wobei die Pumpdioden und die Pockelszelle für die Güteschaltung unabhängig intern oder extern gesteuert werden können. Die Ansteuerung wird im Kapitel 5.2.1 eingehender beschrieben.
Die Triggersignale[10], die die Laserdioden und den Q-Switch steuern, werden von einem Echtzeitsystem „ADWIN-4L-T400" der Firma Jäger Computergesteuerte Messtechnik GmbH erzeugt. Dieses Echtzeitsystem „ADWIN" ist als ISA-Karte ausgelegt und befindet sich in einem Triggerrechner „Real Time", der wiederum mit dem Steuerrechner „Main" über ein 10 MBit-Ethernet sowie Standard-RJ45-Buchsen verbunden ist. Die Verbindung des Echtzeitsystems „ADWIN", das den Nd:YAG-Laser steuert, mit dem Steuerrechner „Main", der die Linearachsen steuert, ermöglicht die Synchronisierung des Lasers mit der Achsenpositionierung.

[8] Neodym-dotierten Yttrium-Aluminium-Granat
[9] transversalelektromagnetische Welle
[10] Elektrische Steuersignale mit definierten Pulsflanken

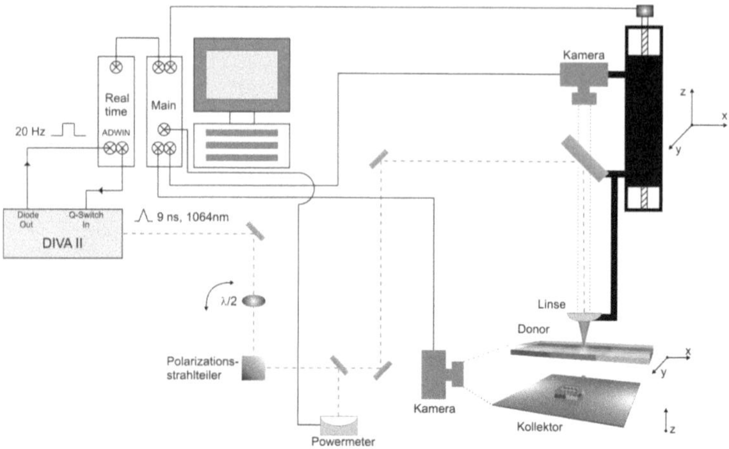

Abbildung 5.15: Schematische Darstellung des laserbasierten Drucksystems

Auf „Main" befindet sich das grafische Steuerinterface, das in Kapitel 5.2.1 vorgestellt wird. Außerdem werden über „Main" alle Peripheriegeräte angesteuert und ausgelesen, wie die Energiemessung, die Linearachsen, die Prozessbeobachtungskamera und die seitlich angebrachte Spaltbeobachtungskamera. Die Regulierung der Laserpulsenergie wird über die Winkelstellung eines $\lambda/2$-Plättchens (Thorlabs GmbH), das auf einer motorisierten Drehachse (Physik Instrumente GmbH & Co. KG) befestigt ist, sowie einen dahinter angebrachten Polarisationsstrahlteiler (Thorlabs GmbH) realisiert. Die Pulsenergiemessung erfolgt über ein Powermeter „Nova II" mit einem Sensorkopf „3A-P-V1" der Firma Ophir. Dieses Messgerät ermöglicht sowohl die Energiemessung von Einzelpulsen als auch die Energie- und Leistungsmessung einer Pulsfolge. Hierdurch konnte im laufenden Prozess die gemittelte Pulsenergie gemessen und gegebenenfalls über die Winkelstellung des $\lambda/2$-Plättchens angepasst werden.

Die Führung der Laserpulse über den *Donor-Glasträger* wird durch einen 3-achsigen Scanneraufbau realisiert (vgl. Abb. 5.16). Hierfür werden zwei Linearachsen „M-414.1PD" als X- und Y-Achse sowie eine Linearachse „M-413.3PD" als Z-Achse verwendet (Physik Instrumente GmbH & Co. KG), die über einen 4 Kanal Controller „C-843" in PCI-Kartenausführung mit dem Hauptsteuerrechner „Main" verbunden sind. An der Z-Achse ist, neben einem 45° Umlenkspiegel mit 50 mm Durchmesser und der Fokussieroptik, entlang der optischen Achse eine Kamera zur Prozessbeobachtung angebracht, die eine Visualisierung des Druckprozesses ermöglicht. Durch den 3-Achsen-Scanneraufbau kann der fokussierte Laserstrahl über der Rahmenhalterung, in der sich der *Donor* mit der Zell-Solschicht befindet, lotrecht verfahren werden.

Die obere Rahmenhalterung trägt den Halter (vgl. Abb. 5.17), in dem das rechteckige Donor-Glasplättchen (26 x 26 x 1 mm^3) geklemmt ist. Die obere Rahmenhalterung ist an zwei Mikropositioniertischen (Thorlabs GmbH) befestigt, die die Verstellung der Rahmenhalterung in X- und Y-Richtung ermöglichen.

Abbildung 5.16: 3-Achsen-Scanneraufbau

Die untere Rahmenhalterung trägt den Halter des Kollektor-Glasplättchens, auf dem sich das Druckergebnis befindet. Diese Rahmenhalterung ist an einem Mikropositioniertisch (Thorlabs GmbH) befestigt, der die relative Verstellung des *Kollektors* zu dem *Donor* in Z-Richtung ermöglicht. Der Abstand zwischen dem *Donor* mit der Zell-Solschicht und dem *Kollektor* (üblicherweise 300 µm bis 1000 µm) wird durch eine seitlich angebrachte Kamera kontrolliert und kann dann über die Z-Verstellung der unteren Rahmenhalterung eingestellt werden.

Abbildung 5.17: Klemmhalterung für den Donorglasträger, der die Zell-Solschicht trägt

Steuerung: Hardware

Um Mikrometer-genaues Drucken von Einzeltropfen zu gewährleisten, müssen die einzelnen ns-Laserpulse mit der Steuerung der Positionierung synchronisiert werden. Diese Aufgabe übernimmt das Echtzeitsystem „ADWIN-4L-T400" in dem Rechner „Real time" (vgl. Abb. 5.15), dass die Pockelszelle des Nd:YAG-Lasers „DIVA II" steuert. Das ADWIN-System verfügt über 6 digitale Ein- und Ausgänge sowie einen Triggereingang, über den sich das Echtzeitsystem mit einem externen Signal synchronisieren lässt. Als Triggersignal des ADWIN-Systems wird das 20 Hz-TTL-Signal[11] abgegriffen, das von der „DIVA II" am *Diode Out*-Ausgang geliefert wird.
Die Programmiersprache, in der die ADWIN-Programmroutine geschrieben wurde, ist eine adaptierte Basic-Version. Die Programmroutinen werden ereignisgesteuert mit fest vorgegebenen Prozessortakten (1 Prozessortakt = 1 µs) abgearbeitet. Als Beispiel sei hierfür eine Programmroutine genommen, die eine Zahl über eine *If-And*-Abfrage daraufhin vergleicht, ob sie innerhalb eines definierten Zahlenbereiches liegt und dann als Ergebnis wahr (= 1) oder falsch (= 0) auswirft, woraufhin ein digitaler Ausgang auf High (= 1) oder Low (= 0) gesetzt wird. Die *IF-And*-Abfrage sowie das Ergebnis liegen nach zwei Prozessortakten (= 2 µs) vor und das Setzen des digitalen Ausganges benötigt einen weiteren Prozesstakt (= 1 µs). Somit benötigt die gesamte Routine 3 µs und wird immer dann ausgeführt, wenn ein externes oder internes Triggersignal eingeht. Hieraus folgt, dass bei einem externen Triggerbetrieb die Zeit zwischen zwei Triggerpulsen länger sein muss als die Prozessorzeit, die benötigt wird, um die Routine abzuarbeiten, da andernfalls externe Triggerpulse verloren gehen und das System nicht mehr synchron läuft.
Die zeitliche Steuerung der „Diva II" wird in Abbildung 5.18 dargestellt. Extern wird das ADWIN-System von dem *Diode Out*-Ausgang der „Diva II" mit 20 Hz getriggert. Mit jeden eingehenden Triggersignal wird in einer *Case*-Abfrage ein Parameter abgefragt, der von dem „Main"-Rechner (vgl. Abb. 5.15) via Ethernet-Verbindung gesetzt wird. Die *Case*-Abfrage ist eine Fallunterscheidung, die je nach Fall bzw. gesetztem Parameter eine Programmroutine startet. Bei der *Case*-Abfrage gibt es drei Möglichkeiten, die die Betriebsarten des Lasers widerspiegeln:

Case 0 = Laser aus: Es wird keine Laserstrahlung emittiert.
Case 1 = Dauerbetrieb: Laserpulse werden mit fester Repetitionsrate von 20 Hz emittiert.
Case 2 = On-Demand-Betrieb: Es wird nur ein Laserpuls emittiert.

Die Programmroutine ist für ***Case 1*** und **2** dieselbe: Sobald ein Referenzpuls auf dem Triggereingang der ADWIN-Karte eingeht, wird nach Ablauf von 110 µs ein digitaler Ausgang, der mit dem „Pockels In"-Eingang der „Diva 2" verbunden ist, für 6 µs auf High gesetzt. Das bewirkt, dass die Pockelszelle geschaltet wird, was gleichzeitig die Güte des Laser-Resonators erhöht, und 150 ns später ein Laserpuls abgegeben wird. Da nur die Pockelszelle angesteuert wird, laufen die Dioden die ganze Zeit mit der festen 20 Hz-Frequenz, wodurch sich die Thermik des Kristalls kaum ändert, was wiederum zu geringen Puls-zu-Puls-Schwankungen führt.
Nachdem diese Routine erfolgreich abgearbeitet wurde, wird ein Parameter gesetzt, der von dem Rechner „Main" abgefragt wird. Auf diesem befinden sich das grafische Benutzerinterface und die Steuerroutinen der Verfahrachsen, die im Folgenden vorgestellt werden.

[11] Transistor-Transistor-Logik, liefert definierte High- (>2 V) und Lowzustände (<0,8 V)

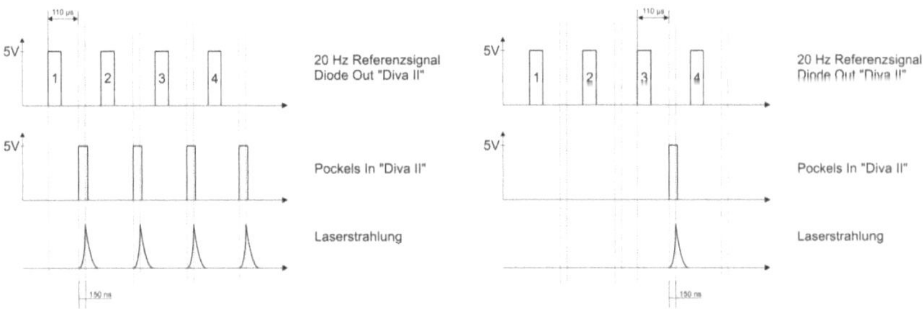

(a) Dauerbetrieb (Case 1)   (b) On-Demand-Betrieb (Case 2)

Abbildung 5.18: Zeitlicher Ablauf der Laser-Triggerung

Steuerung: Software

Das grafische Benutzerinterface (kurz: GUI[12]) wurde in der Programmiersprache Delphi[13] mit der 2005er Version von Embarcadero Technologies geschrieben. Es erlaubt das relative Verfahren der drei Scannerachsen, übernimmt die Steuerung des Lasers via Kommunikation mit dem Echtzeitsystem „ADWIN“ und kann vorbereitete Steuerroutinen als Text-, Excelfile oder Bitmap einlesen und automatisch abarbeiten. Die Steuerung der Verfahrachsen über vorgefertigte Programmcodes (z.B. im Text-Format) erfolgt über die Angabe absoluter Koordinaten. In Abbildung 5.19 ist am Beispiel einer Textfile-Eingabe der prinzipielle Ablauf der Programmroutinen schematisch dargestellt.
In einem ersten Schritt werden die einzelnen Werte aus einem Textfile ausgelesen und sortiert. Danach werden die Einzelwerte in ein dynamisches Array, das Kernstück der Steuerungsroutine, eingelesen. Die Dimensionierung des dynamischen Arrays ergibt sich über die Anzahl „*n*“ der Einzelwerte des Textfiles dividiert durch die sechs Positionen, die für die Steuerung des Lasers und der Achsen benötigt werden: X-Position (X-Pos), X-Geschwindigkeit (X-Vel), Y-Position (Y-Pos), Y-Geschwindigkeit (Y-Vel), definierte Homeposition (Def-Home) und definierter Laserbetrieb (Def-Laser). Hierbei werden die Positionsangaben in µm und Geschwindigkeitsabgaben in µm/s eingegeben. Somit ergibt sich die Dimensionierung des dynamischen Arrays aus einer variablen Anzahl von „n“-Zeilen über sechs festen Spalten in der Form M($\frac{n}{6}$,6). Nach dem Einlesen der Einzelwerte werden die Informationen zeilenweise über den „C-843“-Controller an die Verfahrachsen und über das „ADWIN“-System an den Laser weitergeben. Die Abarbeitung der Array-Zeilen geschieht dabei in folgender Reihenfolge: Als erstes werden die Geschwindigkeiten der Achsen X und Y gesetzt und danach die Koordinate in X/Y-Richtung zur definierten Home-Position (0/0) angefahren. Die Position der Achsen wird fortlaufend kontrolliert und nach Erreichen der eingelesenen Endposition wird abgefragt, ob die Home-Position neu gesetzt (Def-Home = 1) bzw. abgerufen werden soll (Def-Home = 2). Als letzter Ablaufschritt der Routine wird die Betriebsart des Lasers an das

[12]Grafical User Interface
[13]Ursprünglich objektorientiertes Pascal

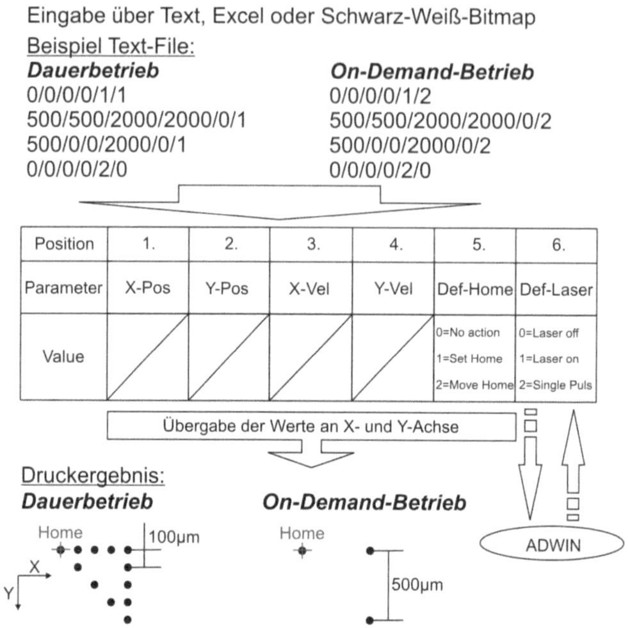

Abbildung 5.19: Schematische Darstellung der Programmsteuerung

ADWIN-System übergeben, welches nach erfolgreichem Ablauf der ADWIN-Programmroutine (vgl. 5.2.1) einen Parameter setzt, der der Steuerroutine anzeigt, dass die nächste Position angefahren werden kann. Nachdem der Parameter ausgelesen wurde, wird er zurückgesetzt und die nächste Zeile des Steuerarrays wird in der gleichen Weise abgearbeitet. Da die Laserbetriebsart erst am Ende jeder Zeile gesetzt wird, muss als erste und letzte Zeile des Arrays der Laser ein- (Def-Laser = 1 oder 2) bzw. ausgeschaltet werden (Def-Laser = 0).
Wie aus Abbildung 5.19 ersichtlich ist, ergibt sich der Laserpuls- bzw. gedruckte Pixelabstand im Dauerbetrieb über die Verfahrgeschwindigkeit der Achsen sowie die 20-Hz-Frequenz des Lasers und im On-Demand-Betrieb über die Absolutkoordinaten (X/Y) der Steuerzeilen. Ein Wechsel der Laserbetriebszustände ist jederzeit zwischen den Zeilen möglich, wodurch beliebige 2D-Geometrien abgefahren werden können.

5.2.2 Aufbau des Beschichtungssystems

Für die Beschichtung des *Donors* mit dem Zell-Sol wurden nach DIN 8580 zwei Beschichtungsverfahren in einem System kombiniert: das Rakeln und das Rotationsbeschichten. Grundsätzlich läuft eine Schichterstellung in zwei Schritten ab: Zuerst wird das Zell-Sol zu einer definierten Schicht gerakelt und danach die verbliebenen Schichtunebenheiten durch die Rotation mit geringer Geschwindigkeit ausgeglichen.

Das Beschichtungssystem ist in Abbildung 5.20 mit den verschiedenen Baugruppen dargestellt. Er besteht aus 7 Einzelbaugruppen (farblich markiert) und einigen Fertigkomponenten (grau markiert), die im Folgenden beschrieben werden.

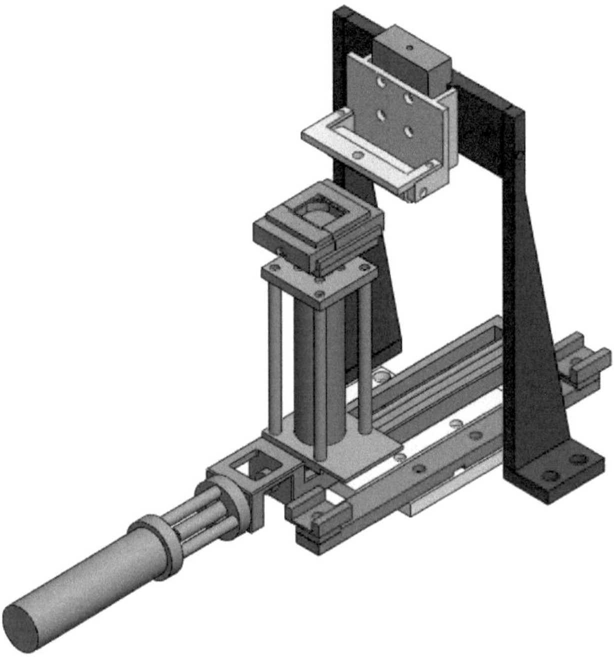

Abbildung 5.20: CAD Darstellung des Beschichtungssystems: Fertigkomponenten (grau), Sockel (gelb), Lichtschrankenhalter (rot), Brückengestell (blau), Rakelwerkzeug (hellblau), Werkzeughalter (grün), Motorkäfig (orange) und Donor-Klemmhalterung (pink)

Der Vorschub des *Donors* unter der stehenden Rakel (hellblau) wird durch einen 24V DC-Motor (Maxon Motor GmbH) gewährleistet, der über einen Kupplungskäfig mit der Spindel-Linearachse „KR20“ (THK GmbH) verbunden ist, auf der die Rotationseinheit mit der Donor-Klemmhalterung (pink) (vgl. Abb. 5.17) befestigt ist. Der Verfahrweg der Linearachse wurde so ausgelegt, dass die Donor-Klemmhalterung auf einer Seite eingesetzt und nach der Schichterstellung auf der anderen Seite entnommen werden kann.
Die Rotationseinheit besteht aus einem Motorkäfig (orange), an dem ein 24V DC-Motor mit einem Untersetzungsgetriebe von 23:1 (Maxon Motor GmbH) befestigt ist. Auf der Motorwelle ist zentriert ein rechteckiger Motoradapter angebracht, in dessen vier Ecken sich Durchgangsbohrungen befinden, in die Passstifte gepresst sind. Die Passstifte sorgen für die zentrische Montage der Donor-Klemmhalterung auf dem Motoradapter. Die Bohrungen auf der Unterseite der Klemmhalterung sind als Übergangspassung ausgelegt, um den Halter mit etwas Kraftaufwand per Hand lösen und montieren zu können. Damit die Rotationskraft gleichmäs-

sig auf die erzeugte Zell-Sol-Schicht wirkt, wurde der gesamte Rotationsaufbau (Pink) rotationssymmetrisch entworfen.
Die Donor-Klemmhalterung wird unter einem Brückengestell (blau) hindurch gefahren. An diesem Gestell ist ein Mikropositioniertisch (Thorlabs GmbH) befestigt, auf dem der Werkzeughalter (grün) montiert ist, der die Rakel (Walze bzw. Klinge) trägt. Dadurch kann der Spalt zwischen *Donor*-Oberfläche und Rakeloberfläche mikrometergenau eingestellt werden. Zusätzlich wurde an dem Werkzeughalter ein Abstandstaster „Micron-Switch" (Feinkal GmbH) angebracht, durch den die Donoroberfläche referenziert und die Rakel relativ hierzu eingestellt werden kann. Um den Beschichtungsprozess automatisch auslaufen lassen zu können, befindet sich seitlich neben der Linearachse eine Lichtschrankenhalterung (rot) mit eingebauten Lichtschranken, die beim Schalten die Motorsteuerung in eine Richtung blockieren und damit die montierte *Donor*-Klemmhalterung in den Be- und Entladepositionen in Stellung halten. Die Ansteuerung der Motoren der Rotationseinheit sowie der Linearachse erfolgt über je einen 24V Highpower Motortreiber „FEHI24V12" (Robotikhardware.de) pro Motor. Über den PWM-Eingang[14] des Motortreibers können die Drehzahlen und über den DIR-Eingang die Drehrichtungen der Motoren eingestellt werden. Für die Erzeugung von PWM-Signalen sowie deren Nutzung zur Drehzahlsteuerung von Gleichstrommotoren sei an dieser Stelle auf weiterführende Literatur verwiesen [109, 110].

5.2.3 Aufbau der stroboskopischen Prozessvisualisierung

Für die Visualisierung des Übertragungsprozesses und der Einflüsse, die unterschiedliche Prozessparameter auf diesen haben, wurde ein stroboskopischer Kameraaufbau realisiert (vgl. Abb. 5.21).
Der Kameraaufbau besteht im Prinzip aus zwei Laser-Strahlquellen, von denen die erste den eigentlichen Übertragungsprozess initiiert („*Ablationslaser*") und die zweite den Übertragungsprozess beleuchtet („*Beleuchtungslaser*"). Ähnlich wie bei allen stroboskopischen Aufnahmen, setzt sich ein Bewegungsablauf aus einer Folge Einzelbilder mit sehr kurzer Belichtungszeit zusammen. Der Einsatz eines ns-Lasers als Beleuchtungsquelle in dem hier vorgestellten Kameraaufbau ermöglicht eine Belichtungszeit von 10 ns (zeitliche Pulslänge des *Belichtungspulses*), wodurch es möglich wird, auch Hochgeschwindigkeitsprozesse scharf abzulichten. Der zugrundeliegende Jetübertrag dieser Drucktechnik ist ein reproduzierbar Prozess, d.h. bei gleicher Sol-Schichthöhe und gleicher Laserpulsenergie erzielt man den gleichen Übertrag. Dadurch kann der gesamte Jetübertrag aufgenommen werden, indem zu unterschiedlichen Zeiten des Jetübertrags je ein Bild pro Übertrag aufgenommen wird und danach eine Bildfolge mit definiertem zeitlichem Abstand zwischen den Einzelbildern erstellt wird. Die Jetbilder zu unterschiedlichen Übertragungszeitpunkten werden dadurch realisiert, dass der Beleuchtungslaserpuls zeitlich zu dem Ablationslaserpuls verschoben wird.
Als *Ablationslaser* kam mit dem dioden-gepumpten Nd:YAG-Laser „DIVA II" derselbe Laser zum Einsatz, der auch im laserbasierten Drucksystem verwendet wurde (vgl. Kapitel 5.2.1). Die Rahmenhalterung und die Klemmhalterung des Zell-Sol-tragenden Donorglasplättchens (vgl. Abb. 5.17) sind identisch mit dem in Kapitel 5.2.1 beschriebenden Aufbau. Die Aufbauten unterscheiden sich dadurch, dass der Laserstrahl nicht durch einen 3-Achsen-Scanneraufbau über dem *Donor* verfahren wird, sondern dass der gesamte Halterungsaufbau, bestehend aus *Donor*- und *Kollektorhalterung*, über Mikropositioniertische (Thorlabs GmbH) in drei Raum-

[14] Pulsweitenmodulation

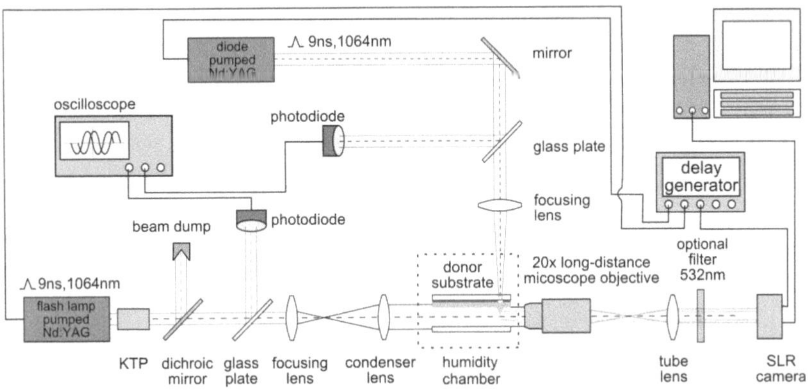

Abbildung 5.21: Schematischer Aufbau der stroboskopischen Prozessvisualisierung

richtungen bei stehendem Laserpuls verfahren wird. Der gesamte Halterungsaufbau ist zusätzlich in einer Feuchtekammer eingehaust, die für eine definierte relative Luftfeuchtigkeit von 99% bei Raumtemperaturbedingungen von 22℃ sorgt. Dadurch werden die Austrocknung der Zell-Sol-Schicht auf dem *Donor* und damit einhergehende Auswirkungen auf den Übertragungsprozess vermieden.

Der *Belichtungslaser* ist ein Blitzlampen-gepumpter Nd:YAG-Laser „Quanta-Ray DCR-11" (im Folgenden: „DCR-11") der Firma Spectra Physics Inc.. Ähnlich wie die „DIVA II" ist der „DCR-11" ein aktiv gütegeschaltetes System (vgl. Q-Switch in Kapitel 5.2.1), das Nanosekundenpulse mit einer Pulslänge von $\sim$ 10 ns, einer Wellenlänge von 1064 nm und einer Pulswiederholrate von 10 Hz emittiert. In einem „KTP"-Kristall[15] wird die Grundfrequenz des „DCR-11" von 1064 nm verdoppelt, wodurch man sichtbares grünes Licht der Wellenlänge 532 nm erhält. Eine Separation beider Wellenlängen (1064 nm und 532 nm) erfolgt über einen dichroitischen[16] Spiegel („dichroic mirror"). Nach der Wellenlängenseparation wird der 532 nm Laserstrahl über ein fokussierendes („focusing lens") und ein kollimierendes Linsenelement („condenser lens") aufgeweitet und parallel zur Donoroberfläche in die Feuchtekammer geführt.

Für die Abbildung des Übertragungsprozesses kamen entweder ein 20fach Mikroskopobjektiv („20x long distance microscope objetive") der Firma Mitutoyo GmbH oder ein 5fach Mikroskopobjektiv der Firma Carl-Zeiss AG zum Einsatz. Nach der Fokussierung des Laserstrahles hinter der abbildenden Optik (in Abb. 5.21: „20x long-distance microscope objective") wird der Laserstrahl kollimiert („tube lens") und beleuchtet danach formatfüllend den CMOS-Sensor (12,2 Megapixel auf einer Fläche von 22,2 x 14,8 mm^2) einer Spiegelreflexkamera („SLR camera", Canon EOS 450D).

Der zeitliche Versatz zwischen Übertragungs- und Beleuchtungspuls wird durch zwei miteinander gekoppelte Delay-Generatoren („SG05p" von Bergmann Messgeräte Entwicklung KG und „SG 535" von Stanford Research Systems) erzielt und kontinuierlich über den anteiligen Abgriff beider Laserpulse mittels Photodioden (Thorlabs GmbH) kontrolliert. Da die Ansteue-

[15] Kaliumtitanylphosphat

[16] Strahlteiler, der bei 0° für 532 nm transparent ist und für 1064 nm bei 45° hochreflektiv

rung beider Laser zeitlich relativ zueinander erfolgt und ein wesentlicher Bestandteile der Prozessvisualisierung ist, wird sie im Folgenden näher beschrieben.

Steuerung: Hardware

Die Verschaltung der Kamerakomponenten (vgl. Abb. 5.21) ist als Blockschaltbild in Abbildung 5.22 dargestellt. Die Verschaltung wird durch die Spezifikationen der beteiligten Laser vorgegeben, woraus zwei Grundbedingungen folgen. Die erste Bedingung ist auf die unterschiedlichen Pulswiederholraten der beiden Laser zurückzuführen („DIVA II“ = 20 Hz und „DCR-11“ = 10 Hz). Da der „DCR-11“ mit einer Pulswiederholfrequenz von 10 Hz das zeitlich limitierende Element der Schaltung darstellt, wird ein 10 Hz-Signal als Referenzsignal für den gesamten Aufbau genommen. Die zweite Bedingung ist die feste Pulsaufbauzeit der beteiligten Laser, d.h. die Zeit die zwischen dem Schalten der Pumpquelle und dem Schalten der Pockelszelle, auf welches direkt der Laserpuls folgt (vgl. Abb. 5.18), vergeht. Dieser Zeitraum misst bei dem „DCR-11“ $\sim$ 282 µs und der „DIVA II“ $\sim$ 110 µs. Hieraus folgt, dass die „DCR-11“-Blitzlampen das Triggersignal noch vor den Dioden der „DIVA II“ bekommen müssen und die Pockelszellen („Q-Switch“) der beiden Laser die Triggersignale mit festem Versatz zu ihrem Taktsignal erhalten. Durch diese Grundbedingungen ergibt sich folgende Verschaltung der Einzelkomponenten.

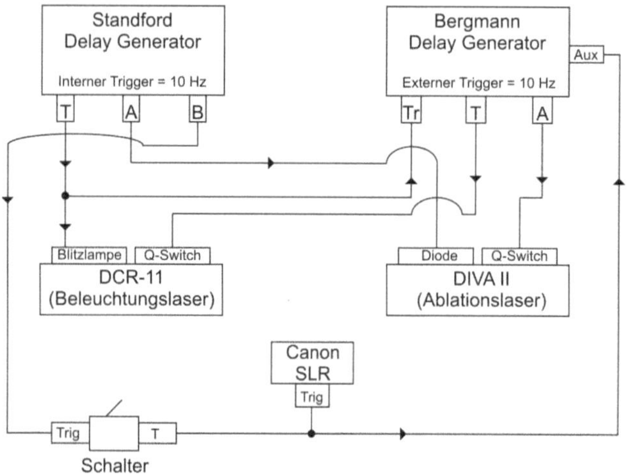

Abbildung 5.22: Blockschaltbild der zeitlichen Steuerung

Das 10 Hz-Referenzsignal wird kontinuierlich vom „Standford Delay Generators“ (im Folgenden: Stanford) erzeugt und gelangt über Kanal T an den Blitzlampen-Eingang des „DCR-11“ und den Triggereingang des „Bergmann Delay Generator“ (im Folgenden: Bergmann). Über Kanal A (Stanford) wird der Dioden-Eingang der „DIVA II“ mit einem zum Kanal T (Stanford) um 172 µs verschobenen 10 Hz-Signal getriggert. Durch diese Verschaltung wird erreicht, dass erstens alle Komponenten synchron mit 10 Hz laufen und zweitens durch das ständige

Betreiben der Pumpquellen für eine konstante Thermik im Inneren des Laser-Resonators gesorgt wird, was für eine hohe Puls-zu-Puls-Stabilität unerläßlich ist.
Beim Umlegen des Schalters wird die Spiegelreflexkamera „Canon SLR“ ausgelöst und das 10 Hz-Referenzsignal von Kanal B (Stanford) auf den Aux-Eingang der Bergmann weitergeleitet. Hierbei schaltet der „Bergmann Delay Generator“ die Kanäle T und A erst, wenn auf dem Aux-Eingang (Bergmann) 5 Pulse des 10 Hz-Signales von Kanal B (Stanford) eingegangen sind. Dies geschieht um die Auslöseverzögerung der Spiegelreflexkamera „Canon SLR“ auszugleichen. Danach schaltet der Kanal T (Bergmann) den Pockelszellen-Eingang des „DCR-11“ mit einem festen Versatz ($\approx$ 282 µs) zu dem 10 Hz-Referenzsignal, das von Kanal T (Stanford) bereit gestellt wird. Kanal A (Bergmann) schaltet den Pockelszellen-Eingang der „DIVA II“ mit einem festen Versatz ($\approx$ 110 µs) zu Kanal A (Stanford). Diese festen zeitlichen Versätze ergeben sich dadurch, dass die Schaltung der Pockelszellen des „DCR-11“ und der „DIVA II“ im Takt zum jeweiligen Pumppuls erfolgen musste, da andernfalls die Laser nicht stabil betrieben werden können.

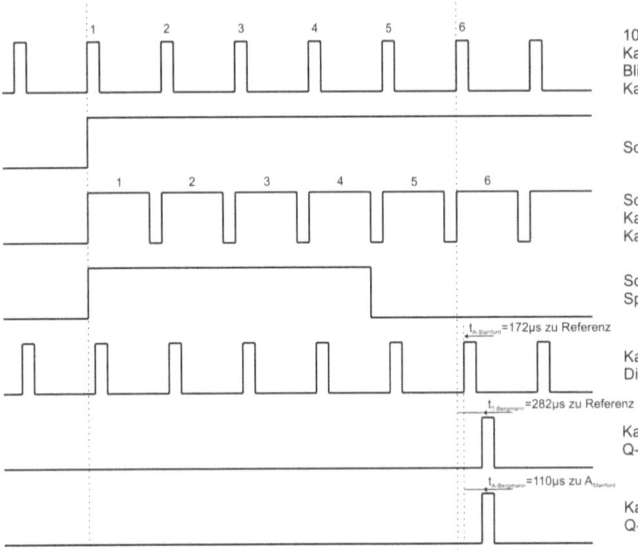

Abbildung 5.23: Zeitlicher Ablauf der Triggersignale

Der mechanische Schalter, der die Spiegelreflexkamera „Canon SLR“ und den Kanal Aux (Bergmann) mit Kanal B (Stanford) schaltet, wird über einen RS-Flipflop (Schaltungen findet sich z.B. http://www.mikrocontroller.net/articles/Entprellung) entprellt, um undefinierte Zustände beim Umlegen des Schalters durch mechanische Schwingungen zu vermeiden.
Da der Verschluss der Spiegelreflexkamera „Canon SLR“ in allen nachfolgend beschriebenen Experimenten für 1,3 Sekunden geöffnet ist, wird in dem Bergmann Delay Generator ein Unterdrückungszeitraum von zwei Sekunden eingestellt. Dadurch wird bei betätigtem Schalter nur alle zwei Sekunden ein Signal an die beiden Laser weitergegeben (Kanal T und A

(Bergmann)), wodurch eine Doppelbelichtung bzw. Doppelablation vermieden werden kann. Die zeitliche Ungenauigkeit des Gesamtsystems ergibt sich über die einzelnen Jitter[17] der Ein- und Ausgänge der Einzelkomponenten und ist mit einen maximalen Jitter von < 1 ns hinreichend klein. Dadurch ist es möglich den Ablations-Laserpuls der „DIVA II", mit einem festen Versatz zwischen Kanal A (Stanford) und Kanal A (Bergmann), zeitlich relativ zu dem Beleuchtungs-Laserpuls des „DCR-11", mit festem Versatz zwischen Kanal T (Stanford) und Kanal T (Bergmann), zu verschieben. Abschließend findet sich in Abbildung 5.23 das gesamte Zeitschaltbild des Triggerablaufes.
Somit setzt sich das Gesamtsystem aus den drei Einzelkomponenten laserbasierter Drucker, Rakel-Beschichtungsanlage und Prozessvisualisierung zusammen, wovon der Drucker und die Beschichteranlage für alle nachfolgenden Experimente und die Prozessvisualiserung für die im folgenden Kapitel beschriebene Parameterstudie eingesetzt wird.

[17]instationäre Genauigkeitsschwankungen im Übertragungstakt

6 Ergebnisse und Diskussion

6.1 Untersuchung der Einflussparameter des Druckprozesses auf das Übertragungsvolumen

Die Genauigkeit jedes Drucksystems wird unter anderem über die Größe des gedruckten Pixels definiert, welche direkt mit dem Volumen des gedruckten Tropfens korreliert. Die Kenntnis des Tropfenvolumens und dessen Steuerung ist deshalb unabdingbar, um ein reproduzierbares und kontrollierbares Druckergebnis zu erzielen. Im Unterschied zu düsenbasierten Drucksystemen wie Inkjets oder Spritzendruckern, die ein definiertes Flüssigvolumen aus einer fest dimensionierten Düsenöffnung spritzen, liegt dem laserbasierten Drucksystem ein Jetübertrag zugrunde, der die Flüssigkeit vom *Donor* zum *Kollektor* „fließen“ lässt. Deshalb ist das Verständnis der Jetdynamik sowie deren Steuerung über die Prozessparameter eine Grundvoraussetzung für den Einsatz des laserbasierten Drucksystems zur Übertragung von definierten Flüssigvolumina.
Im Rahmen dieser Arbeit wurde ein theoretisches Modell der Jetdynamik entwickelt, das durch die in Kapitel 5.2.3 vorgestellte stroboskopische Prozessvisualisierung bestätigt werden konnte. Für die Steuerung des Übertragungsjets werden die einzelnen relevanten Prozessparameter vorgestellt und ihre Einflüsse diskutiert.
Da Tropfenvolumina von weniger als 0,1 µl nicht direkt messbar sind, wurde eine indirekte Auswertungsmethodik etabliert, mit der sich auch Kleinstvolumina berechnen lassen. Mit Hilfe dieser indirekten Methode konnten die entscheidenen Prozessparamter ermittelt werden, über die das Volumen eines gedruckten Tropfens steuerbar ist.

6.1.1 Einfluss der Prozessparameter auf das Übertragungsvolumen

Ein Bioprinter ist ein System für das computergesteuerte Drucken eines definierten Tropfenvolumens mit einer bekannten Anzahl eingemischter Zellen. Bei düsenbasierten Systemen wie Inkjets und Spritzendruckern wird das Tropfenvolumen maßgeblich von der Düsengeometrie (Öffnungsdurchmesser), der Größe des Druckimpulses und den Eigenschaften des Fluides bestimmt. Sofern das Tropfenvolumen bekannt ist, kann die Zellzahl dadurch variiert werden, dass initial mehr Zellen in das Fluid eingemischt werden. Da üblicherweise weder die Düsengeometrie noch das Fluid während eines Druckprozesses gewechselt werden, ist bei vereinfachter Betrachtung das Tropfenvolumen sowie die hiermit korrespondierende Zellmenge nur noch eine Funktion des Druckimpulses (vgl. Kapitel 2.1).
Analog verhält es sich bei der Prozessparameterbetrachtung des laserbasierten Druckprozesses mit dem Unterschied, dass dieses Drucksystem gänzlich auf eine Düse verzichtet. Somit ergibt sich das gedruckte Tropfenvolumen nur noch aus der Größe des eingebrachten Impulses sowie den Eigenschaften des eingesetzten Fluides. Diese beiden grundlegenden Parameter lassen sich wie folgt unterteilen:

Druckimpuls:	• Energieeintrag pro Fläche	▷ zeitliche Pulslänge	▷ konstant
		▷ Pulsenergie	▷ variabel
		▷ Wellenlänge	▷ konstant
		▷ Fokusdurchmesser	▷ konstant
	• Absorptionsmaterial	▷ prozentuale Absorption	▷ konstant
		▷ Dicke der Absorptionsschicht	▷ konstant
Sol:	• Fluidkennwerte	▷ Dichte	▷ konstant
		▷ Viskosität	▷ variabel
		▷ Oberflächenspannung	▷ konstant
		▷ Fließeigenschaft	▷ konstant
	• Solschicht	▷ Schichthöhe	▷ variabel

Der *Druckimpuls* ist das Momentum, welche das Zell-Sol während der Beschleunigungsphase des Jets erfährt. Diese Energie liefert der Laserpuls, der das Absorbermaterial lokal verdampft und somit den Vorschub für das flüssige Zell-Sol liefert. Der Widerstand gegen den induzierten *Druckimpuls* wird, aufgrund des Fehlens einer Düse, ausschließlich vom *Sol* aufgebracht und durch die Solcharakteristika vorgegeben.

Laser

Wellenlänge (nm)	Pulslänge (ns)	M^2 (/)	Rohstrahldurchmesser (mm)
1064 nm	10 ns	< 1,1	< 1,5 mm

Fokussieroptik

Brennweite (mm)
60 mm

Absorber

Material (/)	Schichtdicke (nm)
Gold	60 nm

Alginat-Blutplasma-Sol

Alginatkonzentration (wt%)	Dichte (g/cm^3)	Viskosität (Pa*s)	Oberflächenspannung (mN*m)
1%	1,017	0,022	46,7
2%	1,023	0,148	45,5
3%	1,028	0,431	45,3

Tabelle 6.1: Prozessparameter und Materialcharakteristika (bei 24 °C)

Eine erste Vereinfachung ergibt sich über die Betrachtung der systemspezifischen Parameter, die nicht verändert werden, wie Pulslänge und Fokusdurchmesser. Eine weitere Vereinfachung ergibt sich über diejenigen Parameter, die aufeinander abgestimmt sind und ausschließlich in Relation zueinander verändert werden. So wurde unter anderem Gold als Absorbermaterial ausgewählt, da es gegenüber anderen metallischen Absorbern bezüglich der Schichterstellung und den biologischen Eigenschaften bereits erwähnte Vorteile bietet. Zudem ist die Absorption mit 3,5% für die Wellenlänge des Lasers von 1064 nm hinreichend

hoch[1] und über die Dicke der Goldschicht kann die mögliche deponierte Energiemenge vorgegeben werden.
Somit ergibt sich als variabler Parameter die einstellbare Laserpulsenergie, über die das gedruckte Volumen, über die Fluidkennwerte des Sols, gesteuert wird. Das entscheidende Kriterium für reproduzierbare Druckergebnisse ist somit, die Laserpulsenergie auf die unterschiedlichen Solparameter anzupassen, um gleichbleibende Tropfenvolumina und somit gleiche Zellmengen pro Tropfen über verschiedene Solzusammensetzungen zu erzielen.
Da dem eigentlichen Tropfenübertrag eine Jetdynamik zugrunde liegt, wurde zuerst der gesamte Jetübertrag ohne *Kollektor* bei zwei unterschiedlichen Laserpulsenergien und anschließend der Auftreffprozess des Jets auf dem *Kollektor* aufgenommen. Damit konnte im Rahmen dieser Arbeit anhand der enthaltenen Bilderserien ein Modell der Jetentstehung entwickelt werden, das mit der in Kapitel 5.2.3 vorgestellten Prozessvisualisierung bestätigt werden konnte.
In Tabelle 6.1 werden abschließend alle Prozessparameter beschrieben, mit denen diese Studie durchgeführt wurde.

6.1.2 Untersuchung und Visualisierung der Jetdynamik

Für die Visualisierung und Untersuchung des Jetübertrages wurden die stroboskopische Kamera (vgl. Kapitel 5.2.3) und die 2%ige Alginat-Lösung, deren Charakteristika in Tabelle 6.1 aufgeführt sind, genutzt. Bei dieser Untersuchungsreihe, die in Abbildung 6.1 dargestellt ist, wurde der gesamte Jetübertrag mit und ohne *Kollektor* bei konstanter Laserpulsenergie von 16 µJ, einer Solschichthöhe von 66 µm und einem Donor-Kollektor-Abstand von 500 µm aufgenommen. Um die Reproduzierbarkeit der Bilder sicherzustellen, wurden pro zeitlichem Delay drei Bilder aufgenommen. Die Bilderserie mit dem *Kollektor* wurde als Vergleichsserie aufgenommen, um zu klären, ob der *Kollektor* einen Einfluss auf den Jet hat, z.B. durch das Reflektieren des Jets auf der Kollektoroberfläche.
In beiden Bilderserien (mit und ohne *Kollektor*) ist der eigentliche Jetübertrag gut zu erkennen. Die schwarzen Streifen parallel zum *Donor*, die auf beiden Bilderserien erkennbar sind, sind das Resultat von destruktiven Interferenzen durch die Beugung des Belichtungslaserpulses an der Glaskante des *Donors*.
Nach dem Einstrahlen des Ablationspulses bildet sich in beiden Serien nach ungefähr 2 µs eine deutliche Auswölbung der Solschicht, die nach ungefähr 10 µs in einem voll ausgebildeten Fluidjet mündet. Dieser Jet bleibt auf der Serie ohne *Kollektor* (vgl. Bild 6.1A) bis ungefähr 330 µs stabil, reißt danach bei ca. 370 µs ab und die Auswölbung der Solschicht bildet sich bis ca. 410 µs vollständig zurück. Die Serie mit *Kollektor* (vgl. Bild 6.1B) läuft prinzipiell identisch ab mit dem Unterschied, dass der *Kollektor* eine stabilisierende Wirkung auf den Fluidjet hat und deshalb der Jetübertragungsprozess mit einem Faktor von $\sim$ 1,5 länger stabil abläuft als der vergleichbare ohne *Kollektor*. Dies ist damit zu begründen, dass sich bei dem Übertrag ohne *Kollektor* der Jet immer weiter verlängert. Mit steigernder Verlängerung wird der Jet durch die Viskosität, die Oberflächenspannung und das Fließverhalten des Sols (vgl. Kapitel 6.1.2) immer stärker gebremst, was zur Ausbildung eines Tropfens an der Jetspitze durch nachfließendes Material führt. Das Volumen des Tropfens nimmt danach durch nachfließendes Material solange zu, bis die Gewichtskraft des Tropfens die Rückstellkraft des

[1] Absorptionswerte einer 60 nm Goldschicht, ermittelt durch Laserkalorimetrie nach ISO 11551.

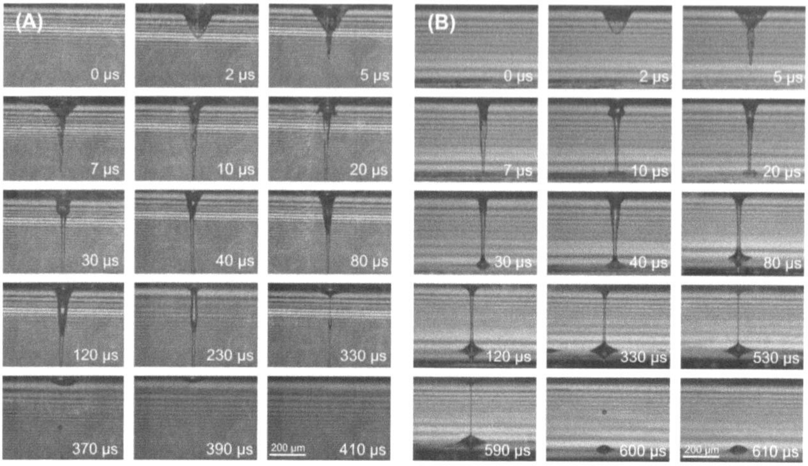

Abbildung 6.1: Schattenaufnahmen der Jetdynamik bei einer Laserpulsenergie von 16 µJ: (A) ohne *Kollektor* und (B) mit *Kollektor*

Sols übersteigt und der Jet reißt. Dieser Zusammenhang ist bei höheren Laserpulsenergien deutlich ausgeprägter, was in Abbildung 6.2 gezeigt wird.

Die Serie mit *Kollektor* (vgl. Abb. 6.1B) weist diesen Tropfenabriß nicht in derselben Form auf, da das Sol vom *Donor* zum *Kollektor* „fließt". Hier kommt es zwischen 330 µs und 590 µs zu einer Verjüngung des Jets, die im Folgenden, nach der in Kapitel 2.1.1 erläuterten Rayleigh-Plateau-Instabilität, zum Aufreißen des Jets in Einzeltropfen führt (vgl. 600 µs in Abb. 6.1B). Anhand dieser zeitaufgelösten Schattenaufnahmen konnte im Zuge dieser Arbeit ein theoretisches Modell der Jetentstehung abgeleitet werden, welches in Abbildung 6.3 dargestellt ist.

Der Jetentstehungsprozess verläuft danach wie folgt: Die hohen elektromagnetischen Felder des ns-Laserpulses beschleunigen die Festkörperelektronen der Gold-Absorberschicht, insbesondere die Leitungselektronen. Durch die Elektronenbeschleunigung kommt es zu Stoßwechselwirkungen mit Ionenrümpfen, welche höher ionisiert werden. Dadurch stossen sich die Ionen gegenseitig ab und werden durch Coulombkräfte aus dem Festkörpergitter herausgelöst. Diese Stoßreaktion münden bereits nach einigen Feldschwingungen (einige fs) in der Bildung eines Plasmas[2]. Die restliche Laserpulsenergie koppelt in das Plasma ein, heizt es weiter auf und beschleunigt die Teilchen. Durch Abstoßung der geladenen Teilchen und Zusammenstösse der Teilchen untereinander dehnt sich die Plasmawolke explosionsartig aus [112, 113]. Plasmaleuchten[3] kann normalerweise auf allen zeitaufgelösten Schattenaufnahmen gesehen werden und wird üblicherweise durch einen Filter herausgefiltert (vgl. Abb. 5.2.3), nur bei geringeren Laserpulsintensitäten ist kein Plasma deutlich wahrnehmbar. Festzuhalten bleibt, dass die Entstehung und der Vorschub des Soljets immer durch die Aus-

[2]Wolke aus positiv und negativ geladenen Teilchen
[3]Emission von Photonen beim Rekombinieren der Ionen und Elektronen

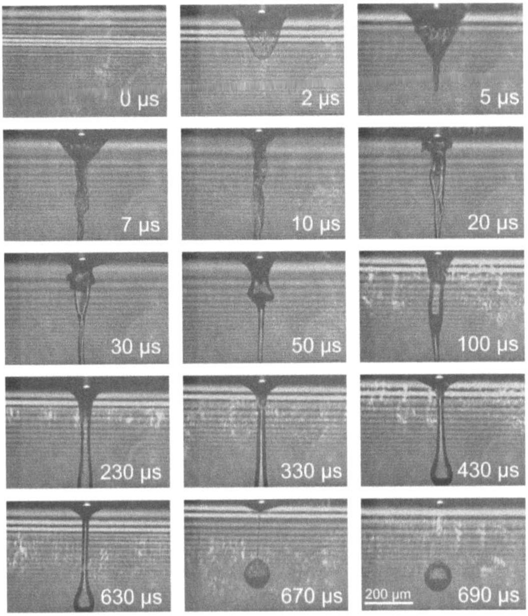

Abbildung 6.2: Reißen des Fluidjets bei einer Laserpulsenergie von 27,5 µJ ohne *Kollektor*

bildung bzw. Ausdehnung eines Plasmas initiert wird, das mit der lokalen Verdampfung des Goldabsorbers und Anteilen der Solschicht einhergeht.

Nach dem Einfall des ns-Laserpulses expandiert der Dampf in alle Richtungen, wobei der Widerstand gegen die Dampfexpansion an der Front der Blase geringer ist als in den lateralen Regionen (das wird durch die Länge der Pfeile in Abb. 6.3(b) angedeutet), weswegen die Dampfblase keine kugel- sondern eine eiförmige Geometrie aufweist. Während es zu der Ausbeulung der Solschicht kommt, erfährt das umliegende Fluidmaterial eine Beschleunigung aus den lateralen Regionen entlang der Dampfblasenoberfläche (Pfeile markieren die Flußrichtung des Sols in Abb. 6.3(d) bis (i)). Nachdem die Dampfblase ihre maximale Ausdehnung erreicht hat (innerer Druck in der Blase p_{in} ist kleiner als der Umgebungsdruck p_{atm}) kollabiert sie. Durch die Massenträgheit und Oberflächenspannung des Sols wird ein Jet an der Spitze der kollabierenden Dampfblase ausgebildet, der durch nachfließendes Material aus den lateralen Regionen stabilisiert wird.

Durch das Kollabieren der Blase entsteht ein sogenannter „Counter-Jet" im Inneren der sich zurückziehenden Blase. Der „Counter-Jet" wird danach an der Glasoberfläche reflektiert, die lateralen Solströme vereinigen sich und bekommen einen seitlichen Drall, der zur Ausbildung einer Verdickung an der Jetbasis führt. Diese Verdickung verschwindet über die Zeit durch die sich stabilisierenen Ströme innerhalb des Jets.

Diese Jetentstehungstheorie wurde durch zeitaufgelöste Schattenaufnahmen verifiziert, welche in Abbildung 6.4 dargestellt sind. Für die Aufnahmen a), b) und d) wurde eine Laserpulsenergie von 20 µJ und ein Delay zwischen Ablations- und Beleuchtungspuls von a) 1 µs,

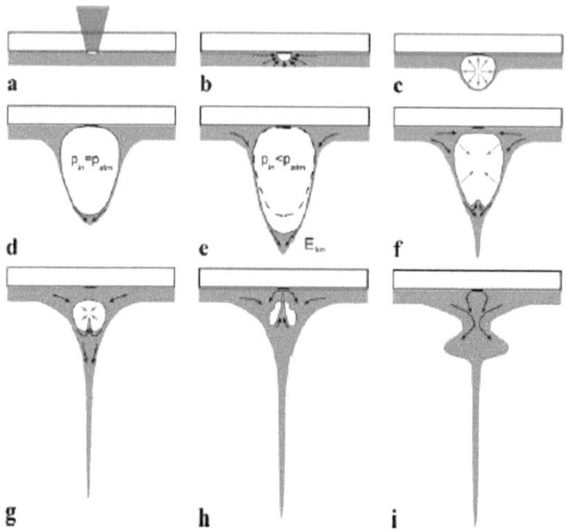

Abbildung 6.3: Theoretisches Modell der zugrundeliegenden Jetdynamik [111]

b) 3 µs, und d) 34 µs verwendet. Die „Counter-Jet“-Aufnahme in c) konnte nur mit einer wesentlich höheren Laserpulsenergie von 66 µJ bei einem Delay von 100 µs erzeugt werden, da bei höheren Energien die Dampfblase eine größere Ausdehnung erreicht und demzufolge die Solschicht stärker gedehnt wird. Dadurch wird die Solschichtwand dünner und der Kontrast des „Counter-Jet“ deutlich erhöht. Dementsprechend verlängert sich allerdings auch der zeitliche Ablauf der Jetentstehung und das Plasmaleuchten („Regenbogenschimmern“ in Abb. 6.4) wird stärker. Da es hier allerdings um die qualitative Bestätigung des theoretischen Jetentstehungsmodells ging und der „Counter-Jet“ maßgeblichen Einfluss auf die Materialströmungen innerhalb des Jets hat, wurde die inkonsistente Darstellungsweise in Kauf genommen. Außerdem konnten nachfolgende Studien die Existenz eines Counter-Jets auch bei geringeren Pulsenergien bestätigen [115].
Wie aus dem bestätigten theoretischen Modell ersichtlich ist, wird der Druckprozess mit den in Kapitel 6.1.1 beschriebenen und vereinfachten Prozessparametern *Druckimpuls* und *Solkennwerte* hinreichend exakt beschrieben. Bei Betrachung der Flüsse innerhalb des Jets (vgl. Abb. 6.3) ist zudem offensichtlich, dass das Fließverhalten und die Viskosität des eingesetzten Sols einen maßgeblichen Einfluss auf die Jetpropagation und somit auf den Druckprozess haben müssen. Aufgrund ihrer Wichtigkeit werden diese Parameter im folgenden Kapitel eingehender beschrieben und ihre Einflüsse untersucht.

Einfluss des Fließverhaltens, der Schichthöhe und der Viskosität auf die Jetpropagation

Um Rückschlüsse auf die Beschleunigung und die Geschwindigkeiten des Jets ziehen zu können, wurden die Jetlängen der zeitaufgelösten Schattenaufnahmen geometrisch vermessen.

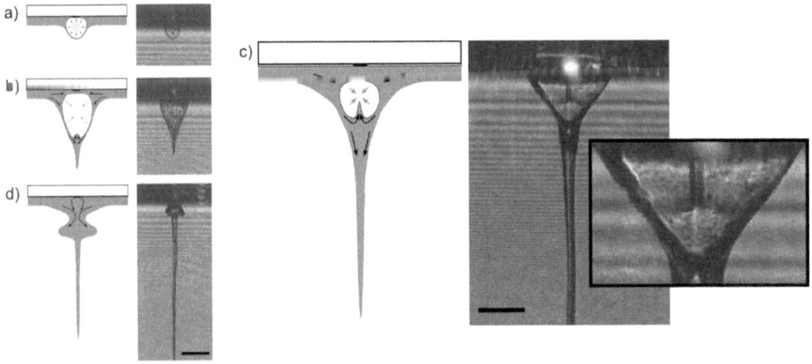

Abbildung 6.4: Gegenüberstellung des theoretischen Modells und der zeitaufgelösten Schattenaufnahmen [114]. Größenbalken = 200 µm

Als obere Referenzgrenze diente die Donorfläche, der relative Abstand zur Jetspitze ergab die charakteristische Jetlänge.

Für diese Untersuchungsreihen (vgl. Abb. 6.5) wurden 66 µm Solschichten mit 1%iger, 2%iger und 3%iger Alginatkonzentration (vgl. Tabelle 6.1) verwendet. Die Laserpulsenergie wurde konstant bei 21 µJ gehalten und es wurden 5 Aufnahmen für jedes zeitliche Delay gemacht, um die Reproduzierbarkeit zu gewährleisten.

Deutlich ist in Abbildung 6.5 der Viskositätseinfluss auf die zeitliche Propagation und Geometrie des Jets zu sehen. Bei geringeren Viskositäten hat der Jet eine höhere gemittelte Geschwindigkeit und bildet sich deutlich früher aus (vgl. 2 µs bzw. 3 µs Delay). Dies ist auf den geringeren Widerstand des Sols mit niedrigerer Viskosität gegen die sich ausbildene Dampfblase zurückzuführen.

Besonders auffällig ist die Jetgeometrie bei der 1%igen im Vergleich zur 2%igen und 3%igen Lösung: Während sich bei der 2%igen bzw. 3%igen Lösung ein laminarer Jet ausbildet ist, weist der Jet der 1%igen Lösung offenbar ein turbulentes Strömungsverhalten auf. Dieses Verhalten läßt sich in einfacher Näherung mit der kritischen Reynoldszahl $R_{E,Krit}$ beschreiben. Mittels der dimensionslosen Reynoldszahl R_E kann bei einer Strömung abgeschätzt werden, ab welchem Wert ($R_E > R_{E,Krit}$) das Strömungsbild von einer laminaren zu einer tubulenten Strömung umklappt. Dieses „Umklappen" geschieht nicht bei einem festen Wert von $R_{E,Krit}$, sondern $R_{E,Krit}$ gibt den Bereich, ab dem mit einer turbulenten Strömung zu rechnen ist, in der Form an:

$$R_E = \frac{\rho * v * d}{\eta}$$

Hierbei ist ρ die Dichte des Fluides, η die dynamische Viskosität (in diesem Fall Nullscherviskosität) und v sowie d bezeichnen die charakteristische Geschwindigkeit respektive Bezugslänge der Strömung. Die charakteristische Bezugslänge d ist in einer idealen Röhrchenströmung der Röhrchendurchmesser. Bei dem hier untersuchten Jetübertrag dienten Jetdurchmesser und -geschwindigkeit bei beispielsweise 6 µs Delay als charakteristische Bezugslänge respektive Geschwindigkeit. Damit ergeben sich R_E-Werte von 539 bei der 1%igen, 51

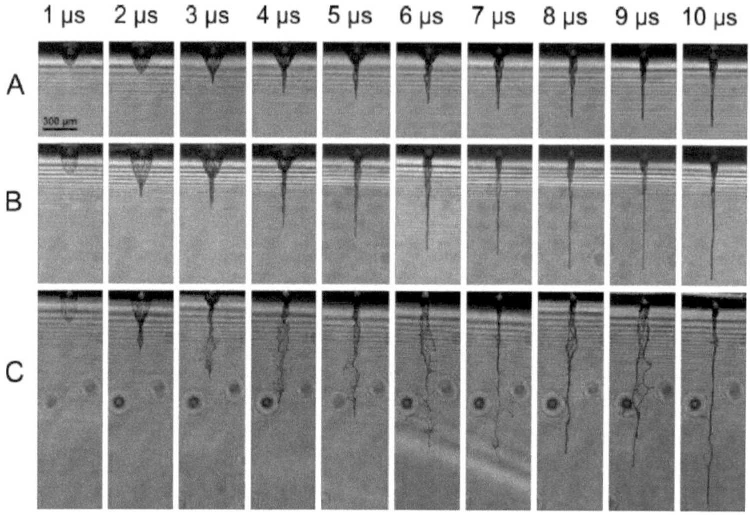

Abbildung 6.5: Jetpropagation ohne Kollektor bei konstanter Laserpulsenergie von 21 µJ und unterschiedlichen Viskositäten einer (A) 3%igen, (B) 2%igen und (C) 1%igen Alginatlösung [114]

bei der 2%igen und 13 bei der 3%igen-Lösung. Durch weitere Untersuchungen konnte der Schwellwert, in dem der Jet beginnt, ein turbulentes Strömungsbild aufzuweisen, auf $R_{E,Krit} \approx 350$ festgelegt werden. Der Schwellwert $R_{E,Krit}$ diente als Referenz für die maximale Laserpulsenergie, da die Laserpulsenergie für unterschiedliche Solviskositäten auf Werte einzustellen ist, bei denen von einem laminaren Strömungsbild des Jets ($R_E < R_{E,Krit} \approx 350$) ausgegangen werden kann, um eine einheitliche Druckqualität zu erreichen.

Diese Abschätzung betrachtet die Viskosität der Sole allerdings rein statisch und trägt in keiner Weise dem dynamischen Fließverhalten der Sole Rechnung. Wie aus Kapitel 5.1.2 bekannt ist, weisen alle in dieser Arbeit verwendeten Sole ein strukturviskoses Fließverhalten auf, d.h. die Viskosität nimmt mit steigender Scherbelastung ab und das Sol „fließt leichter". Das Fließverhalten spielt für den eigentlichen Jetübertrag nur eine untergeordnete Rolle, es ist aber beim Zelldruck entscheidend, da sich hierüber die Kräfte beschreiben lassen, die auf Zellen während des Jetflusses wirken. Dies kann für eine theoretische Abschätzung der Zellschädigung bedeutend sein und wird in Kapitel 6.1.4 diskutiert.

Der Einfluss des strukturviskosen Fließverhaltens wird erst deutlich, wenn die Jetlänge gegen den Delay aufgetragen wird. Dies ist in Abbildung 6.6 zu sehen, dabei repräsentieren die Fehlerbalken die Standardabweichung der gemittelten fünf Werte (aus 5 Aufnahmen je Delay (MEAN $\pm$ SD)). Direkt ersichtlich ist die starke Streuung der Werte der 1%igen-Lösung, was auf die turbulente Jetströmungsform zurückzuführen ist, da die Laserpulsenergie von 21 µJ bereits die obere Grenze für den Jetübertrag bei dieser Viskosität darstellt. Wesentlich geringere Streuungen erhält man bei der 2%igen und 3%igen Lösung, für die 21 µJ eine gute Übertragungsenergie für eine laminare Jetströmung darstellt (vgl. Abb. 6.5). Auffallend

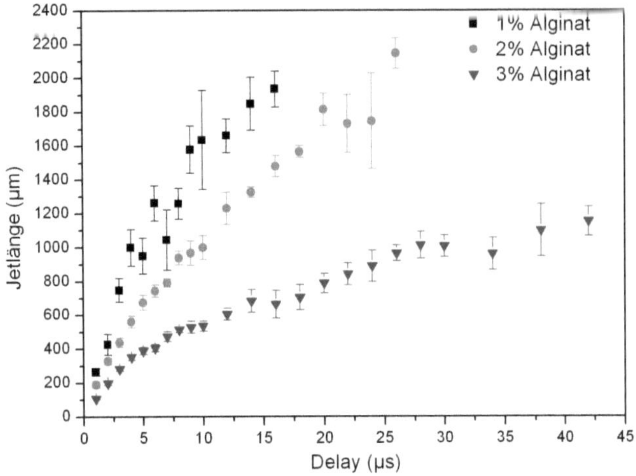

Abbildung 6.6: Jetlängen, über die Zeit aufgetragen, bei konstanter Laserpulsenergie von 21 µJ

ist hier die Kurvensteigung, deren degressiver Verlauf sich mit steigender Nullscherviskosität der Sole verstärkt. Zudem erfahren die Jets gerade im Anfangsbereich bis $\sim$ 5 µs eine starke Beschleunigung und der Weg/Zeit-Verlauf ist annähernd linear, danach werden die Jets durch die zunehmende Fließverfestigung der strukturviskosen Sole immer stärker abgebremst. Dieser Kurvenverlauf lässt sich im Einklang mit dem vorgestellten theoretischen Modell in Abbildung 6.3 erklären. Während der Ausdehnungsphase der Dampfblase bis $\sim$ 5 µs erfährt das Sol den maximalen Vortrieb und somit maximale Scherung, was durch das strukturviskose Fließverhalten des Sols (vgl. Abb. 5.6) zu einer minimalen Viskosität und somit einem minimalen Widerstand gegen den Fluss führt. Nach dem Kollaps der Blase setzt die Verfestigung des Sols ein und der Jet wird abgebremst. Mit steigender Abbremsung bzw. sinkender Geschwindigkeit des Jets verstärkt sich dieser Abbremseffekt durch die steigende Viskosität des Sols.
Ein weiterer Einflussparameter ist die initial eingesetzte Materialmenge, gleichbedeutend mit der Schichthöhe des Sol auf dem *Donor*. Um den Schichthöheneinfluss auf das Übertragungsverhalten des Jets zu verdeutlichen, wurde eine 3%ige Alginatlösung genommen und auf drei unterschiedliche Schichthöhen von 44 µm, 66 µm und 88 µm gerakelt. Die Laserpulsenergie blieb bei allen Schichten mit 17 µJ konstant und der Delay wurde auf 100 µs eingestellt. In Abbildung 6.7 ist der Einfluss der unterschiedlichen Schichthöhen dargestellt und es ist zu erkennen, dass der Jet mit steigender Schichthöhe eine deutlich verringerte Ausdehnung bei 100 µs aufweist. Das ist darauf zurückzuführen, dass mehr Material bei gleichem Druckimpuls (Laserpulsenergie) bewegt werden muss.

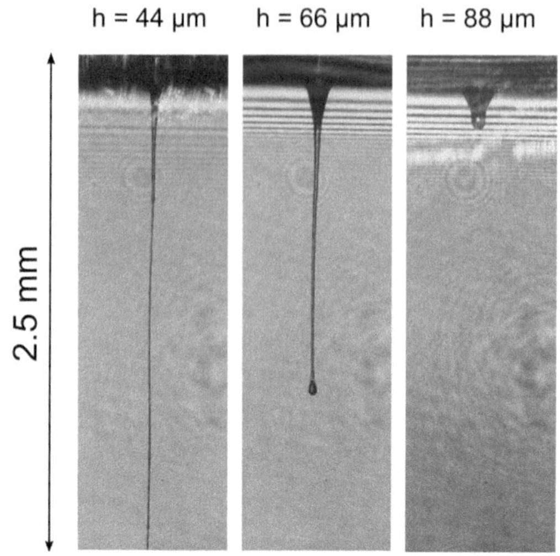

Abbildung 6.7: Jetpropagation bei konstanter Laserpulsenergie von 17 µJ und unterschiedlichen Schichthöhen einer 3%igen Alginatlösung [114]

6.1.3 Einfluss der Soleigenschaften auf das Übertragungsvolumen

Wie im letzten Kapitel gezeigt wurde, haben die Soleigenschaften maßgeblichen Einfluss auf den laserinduzierten Jetübertrag. Daher wird auch das Tropfenvolumen pro Übertrag in erheblichem Maß von der Viskosität, der Dichte, der Oberflächenspannung und der initial eingesetzten Solmenge, die mit der Solschichthöhe korreliert, sowie der Laserpulsenergie bestimmt. Die Eigenschaften der zelltragenden Sole werden von den Mengenanteilen der sekundären Solkomponenten Alginat und Hyaluronsäure (vgl. Kapitel 2.2.2) bestimmt. Wie aus Tabelle 6.1 durch den Vergleich der 1%igen, 2%igen und 3%tigen Alginat-Lösung[4] ersichtlich ist, ändern sich mit steigender Sekundärkomponenten-Konzentration die Dichte und die Oberflächenspannung im Vergleich zur Viskosität nur maginal. Daher sind bei der folgenden Parameterbetrachtung die Einflüsse der Oberflächenspannung und der Dichte im Vergleich zu denen der Viskosität vernachlässigbar klein.

Ein weiterer Parameter, der berücksichtigt werden muss, ist die Solschichthöhe. Da das Solmaterial bei Jetentstehung und -übertrag auch aus den lateralen Regionen (vgl. Abb. 6.3) nachfließt, haben unterschiedliche Schichthöhen bei gleicher Laserpulsenergie und Viskosität einen Effekt auf das übertragene Volumen.

Aus der Literatur [116, 117] ist bekannt, dass mit Tropfenvolumina im Bereich von 10^{-12} l < $V_{Tropfen}$ < 10^{-8} l zu rechnen ist. Derartige Volumina sind nicht direkt messbar, selbst Präzisionswaagen können üblicherweise nur Mengen ab 0,01 mg abwiegen[5]. Selbst beim größten Übertragungsvolumen von $1*10^{-8}$ Liter würde ein Tropfen einer 1%igen Alginat-Lösung nur

[4]Hyaluronsäure analog

[5]Werte aus Datenblatt WSh AUW-220DV von Albert Schumann GmbH

0,01017 mg wiegen, was gerade mal im Genauigkeitsbereich der beschriebenen Präzisionswaage liegt. Hinzu kommt, dass trotz definierter relativer Luftfeuchte von ~ 99% während des Druckprozesses eine Verdunstung von Tropfenmaterial beim Einwiegen nicht ausgeschlossen werden kann, was jede direkte Messung unmöglich macht. Deshalb wurden die Übertragungsvolumina indirekt über die Antrocknungsdurchmesser der Tropfen bestimmt. Die hierfür genutzte Methodik sowie die Einflüsse der Viskositäten und Schichthöhen werden in den folgenden Kapiteln beschrieben.

Ermittlung und Auswertung des Übertragungsvolumens

Aus der alltäglichen Betrachtung von trocknenden Flüssigkeiten ist bekannt, dass ein angetrockneter Tropfen Restspuren hinterlässt die recht genau der ursprünglichen Tropfenform entsprechen. Über die Messung des Durchmessers des angetrockneten Tropfens (Kontaktfläche) lassen sich bei bekanntem Kontaktwinkel (vgl. Kapitel 5.1.3) Rückschlüsse auf das ursprüngliche Tropfenvolumen ziehen. Dabei wird angenommen, dass ein Tropfen unter Beibehaltung der benetzten Fläche verdunstet. In Abbildung 6.8 ist mittels des Kontaktwinkelmessgerätes OCA-40 die Trocknung eines 10 µl Tropfens einer 1%igen Alginat-Lösung dargestellt. Hierbei ist deutlich zu erkennen (rotes Kreuz in Abb. 6.8), dass der 3-Phasen-Punkt (vgl. Kapitel 5.1.3) während der 4-minütigen Trocknung statisch bleibt.

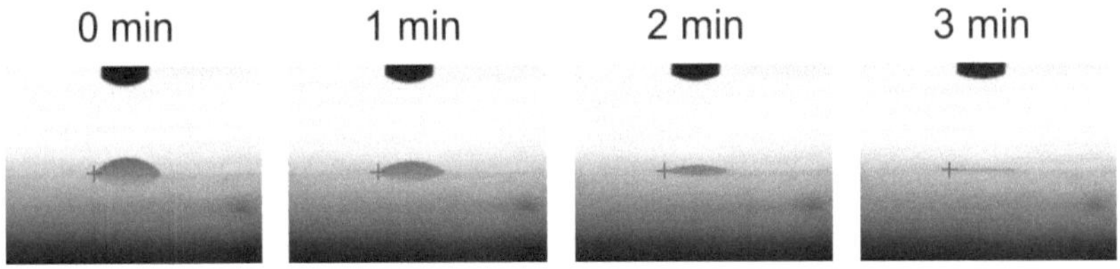

Abbildung 6.8: Demonstration des statischen 3-Phasen-Punktes (markiert durch rotes Kreuz) während der Trocknung eines Tropfens

Somit ist es möglich, über die Messung des angetrockneten Tropfendurchmessers und der Kenntnis des Kontaktwinkels, der sich bei der Benetzung des Tropfens zum Zeitpunkt t = 0 s auf einem Material ergibt, das Volumen des Tropfens indirekt zu ermitteln. Unter der Annahme, dass der Tropfen die Materialoberfläche sphärisch benetzt, lässt sich mit dem Kontaktwinkel der Anteil des Kugelvolumens berechnen, in der Form:

$$V_{Tropfen} = r^3 * \pi(1 - cos(\theta))^2 * (2 + cos(\theta))/3, \text{ mit } r = \frac{a}{sin(\theta)}$$

$V_{Tropfen}$	Tropfenvolumen
r	Radius der Kugel
a	Radius der Kontaktfläche
θ	Kontakt- bzw. Benetzungwinkel

Wie in Kapitel 5.1.3 gezeigt wurde, kann der Kontaktwinkel Werte von 0°< θ < 180° annehmen, wobei 0° für eine vollständige Benetzung der Oberfläche (Spreitung) steht und 180° für eine perfekte Kugelform des Tropfens, wodurch man eine maximale Benetzungfläche bei θ = 90°

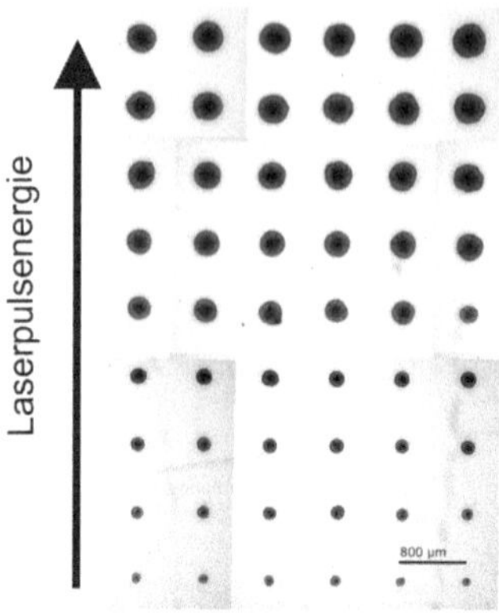

Abbildung 6.9: Tropfendurchmesser in Abhängigkeit der Laserpulsenergie und konstanter Viskosität und Schichthöhe

erhält. Am Beispiel eines Kontaktwinkels von $\theta_{V_1} = 90°$ ergibt oben genannte Formel $V_1 = 2 * \pi * r^3/3$, was exakt dem Volumen einer Halbkugel entspricht.
Für die Ermittlung der Tropfendurchmesser wurden für jede Viskosität und Schichthöhe 30x30 Tropfen als Arrays bei einem Tropfenabstand von 800 µm gedruckt, wobei die Laserpulsenergie in jeder folgenden Arrayzeile erhöht wurde. In Abbildung 6.9 ist ein Ausschnitt aus einem solchen Tropfenarray mit einer bei jedem Arrayzeilenwechsel von unten nach oben zunehmenden Laserpulsenergie dargestellt. Wie ersichtlich ist, sind die angetrockneten Tropfenreste nicht ideal sphärisch, weswegen die direkte Vermessung des Tropfenradius bzw. -durchmessers zu einem variierenden Fehler führen würde. Um diesen Fehler zu begrenzen, wurde (als Kreisfläche interpretiert) ein gemittelter Radius/Durchmesser berechnet. Die Auswertung der Tropfendurchmesser über die Antrocknungsflächen erfolgte automatisiert über ein frei erhältliches Bildanalyseprogramm namens „ImageJ". Es wurden je Laserpulsenergie, Viskosität und Schichthöhe wenigstens 20 Tropfens ausgewertet, wobei Tropfenspritzer nicht in die Rechnung mit einflossen. Für diese Untersuchung wurden die drei Alginat-Lösungen aus Tabelle 6.1 genommen und je Viskosität wurden Schichten mit Schichthöhen von 44 µm, 66 µm sowie 88 µm gerakelt. Sämtliche Untersuchungen liefen bei Raumtemperatur und einer relativen Luftfeuchte von 99% ab.

Einfluss der Viskosität und der Schichthöhe auf das Übertragungsvolumen

Die Ergebnisse der Volumenberechnungen sind in den Graphen in Abbildung 6.10 dargestellt. Direkt ersichtlich ist, dass erstens die minimale Laserpulsenergie, bei der ein Übertrag möglich ist, mit steigender Viskosität und Schichthöhe zunimmt und zweitens das Übertragungsvolumen mit steigender Schichthöhe über alle Viskositäten zunimmt. Beide Verhaltensweisen lassen sich direkt aus der Theorie der Jetentstehung ableiten.
Interessanterweise weichen die Verlaufe der Tropfenvolumen bei 66 µm (vgl. Abb. 6.10B) und 88 µm (vgl. Abb. 6.10C) von den Erwartungen ab. Erwartet wurde ein vergleichbarer Verlauf wie bei der 44 µm Schichthöhe (vgl. Abb. 6.10A), bei der mit steigender Viskosität bei gleicher

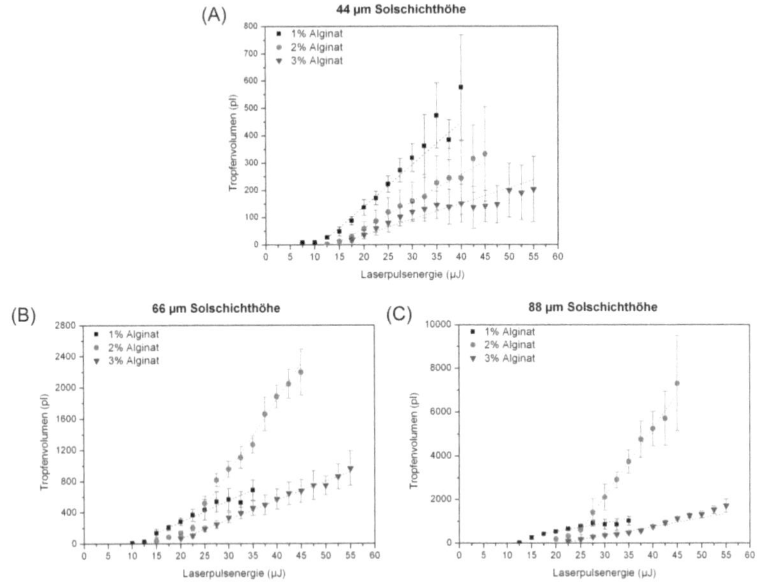

Abbildung 6.10: Abhängigkeit des Übertragungsvolumens von der Laserpulsenergie, Viskosität und Schichthöhe

Laserpulsenergie das Tropfenvolumen abnimmt und mit steigender Laserpulsenergie über alle Viskositäten linear zunimmt.
So entsprechen die Verläufe der Tropfenvolumen bei 66 µm bis 22,5 µJ und 88 µm bis 25 µJ noch den Erwartungen. Bei höheren Laserpulsenergien steigt das Tropfenvolumen der 2%igen Alginat-Lösung allerdings deutlich an, wohingegen das Tropfenvolumen der 1%igen und der 3%igen Alginatlösung weiterhin einen gleichbleibenden linear steigenden Verlauf aufweisen. Die 2%ige Alginatlösung weist zwei lineare Verläufe auf, den ersten bis 22,5 µJ bei 66 µm und bis 25 µJ bei 88 µm, danach schneidet die Kurve für die 2%ige Lösung bei 66 µm und 88 µm den Verlauf der 1%igen Lösung, und der zweite Verlauf weist danach eine wesentlich höhere Steigung im Vergleich zu der 1%igen und 3%igen Lösung auf. Als Beispiel sollen hierfür die maximalen Übertragungsvolumina bei 44 und 66 µm Schichthöhe betrachtet werden. Bei der 2%igen Alginatlösung ist das maximale Übertragungsvolumen bei der 66 µm Schicht $\sim$ 6-fach höher als bei der 44 µm Schicht, wohingegen es bei einer 1%igen bzw. 3%igen Alginatlösung nur zu einer Steigerung des Übertragungsvolumens auf das 1,2 bzw. 4,5-fache kommt. Dieser Unterschied verstärkt sich zudem noch deutlich, wenn die Schichthöhe auf 88 µm erhöht wird.
Dieses nichtlineare Verhalten deutet auf ein verschiebbares Maximum hin, d.h. dass sich bei einem Viskositätswert (hier 0,1477 Pa*s einer 2%igen Lösung), bei gegebener Schichthöhe und Laserpulsenergie, ein maximales Übertragsvolumen einstellen wird. Außerdem existiert für jede Schichthöhe ein Viskositätswert, bei dem das Übertragungsvolumen maximal wird.

6.1.4 Diskussion

Um lebende Organismen schädigungsfrei drucken zu können, reicht es nicht aus, wie beim Drucken von handelsüblichen Tinten, das Tropfenvolumen exakt zu kontrollieren. Vielmehr müssen die Kräfte, die während des Druckvorganges auf die Zellen wirken, bekannt und auf die unterschiedlichen Zelltypen anpassbar sein. So reagieren beispielsweise Endothelzellen wesentlich sensibler auf mechanische Belastung als Knorpelzellen. Um diese Krafteinflüsse berechen- und beschreibbar zu machen, ist eine genaue Kenntnis der Fluidströme innerhalb des Jets eine Grundvoraussetzung, die über das hier vorgestellte Modell der Jetentstehung [111, 114] beschrieben werden können. Dieses Modell korreliert mit Modellen, die andere Arbeitsgruppen [62, 118] veröffentlicht haben, jedoch konnte in dieser Arbeiten der Bildbeweis des „Counterjets“ erbracht werden, auf den sich die angenommenen Fluidströme stützen. Zudem nutzen andere Arbeitsgruppen [62, 116, 119] für ihre Untersuchungen Glycerol-Lösungen, die newtonsches Fließverhalten aufweisen. Für das Drucken von Zellen werden im Rahmen dieser Arbeit ausschließlich Fluide mit einem strukturviskosen Fließverhalten genutzt. Die eigentliche Jetentstehung wird durch das Fließverhalten des Soles zwar nicht verändert, jedoch ergeben sich durch die dynamische Viskosität der strukturviskosen Sole ganz andere Scherkraftverläufe innerhalb des Jetstroms, als das bei einem newtonschen Sol der Fall wäre. Dieser Punkt muss bei einer Strömungssimulation während des Jetentstehungsprozesses und der anschließenden Jetpropagation in zukünftigen Studien berücksichtigt werden. Ein weiterer Aspekt, bei dem das Fließverhalten von besonderem Interesse ist, sind die eigentlichen Phasen des Jetübertrages, die sich in eine Beschleunigungs- und eine Abbremsphase unterteilen lassen. In der Beschleunigungsphase (< 5 µs) ist der Widerstand des strukturviskosen Soles durch die sinkende Viskosität im Vergleich zu einem newtonschen Fluid minimal. Das heißt, dass die Kräfte, die vom Sol auf die eingebetteten Zellen übertragen werden, deutlich geringer sind. Nach der Beschleunigungsphase (> 5 µs) und Beendung des Vorschubs setzt die Verfestigung des strukturviskosen Soles ein und der Jet wird mit weiterer Ausdehnung immer stärker abgebremst. Dieses „sanfte“ Abbremsen des Jets, durch die steigende Viskosität, belastet die eingebetteten Zellen wesentlich weniger als das bei einem newtonschen Fluid der Fall wäre, bei dem die Viskosität über die aufgebrachte Scherbelastung konstant bleibt.

In diesem Zusammenhang ist zusätzlich auch der Abstand zwischen dem *Donor* und dem *Kollektor* entscheidend, da die Viskosität die Jetpropagation und -geschwindigkeit erheblich beeinflusst (vgl. Abb. 6.6). Hierdurch kann die Auftreffgeschwindigkeit des Soljets auf dem *Kollektor* bestimmt und somit die Aufprallkraft der Zellen minimiert werden.

Das Tropfenvolumen je Übertrag wird maßgeblich durch drei Parameter bestimmt: Die Laserpulsenergie, die Viskosität und die Höhe der Solschicht. Generell erhöht sich das Tropfenvolumen, unabhängig von Viskosität und Schichthöhe, mit steigender Laserpulsenergie. Jedoch verschiebt sich das Prozessfenster, in dem Tropfen gedruckt werden können, bei steigender Viskosität und/oder steigender Schichthöhe hin zu höheren Laserpulsenergien.

Bemerkenswert ist allerdings, dass es eine nichtlineare Anhängigkeit von der Laserpulsenergie und der Viskosität sowie der Schichthöhe auf das Übertragungsvolumen gibt. Dies korreliert mit den Ergebnissen einer anderen Arbeitsgruppe [62], die mit einer Glycerol-Lösung aufzeigen konnte, dass das Übertragungsvolumen mit steigender Viskosität erst zunimmt und ab einen Wert wieder abnimmt. Dieser Zusammenhang wurde in dieser Arbeit um den Parameter „Schichthöhe“ erweitert und es konnte gezeigt werden, dass neben der Viskosität auch noch die Schichthöhe einen nichtlinearen Einfluss auf das erzeugte Übertragungsvolumen besitzt. Somit lassen sich aus den hier vorgestellten Zusammenhängen zwei Postulate ableiten:

1. Für jede Schichthöhe[6] existiert eine Viskosität, bei der das Tropfenvolumen maximal wird.

2. Die Viskosität, bei der das Tropfenvolumen maximal wird, ist geringer bei geringeren Höhen der Solschicht

Ein tiefergehendes Verständnis dieser Zusammenhänge ist wichtig, um in zukünftigen Studien Vorhersagen über die gedruckte Zelldichte, also das Verhältnis aus Solvolumen und Zellanzahl, treffen zu können. Da Zellen mit ihrer direkten Umgebung (dem Hydrogel und anderen Zellen) interagieren, können allein über die lokale Steuerung der Zelldichte (Zellanzahl pro Volumen) den Zellen unterschiedliche Signale vorgegeben werden, wodurch sich unterschiedliche Zellreaktionen einstellen (vgl. Kapitel 6.3.1). Bei bekanntem Tropfenvolumen kann die Zellanzahl dadurch variiert werden, dass in der Solschicht initial mehr Zellen eingebracht werden. Hierdurch wird auch der Vorteil des laserbasierten Drucksystemes deutlich. Da dem Druckprozess ein düsenfreier Jetübertrag zugrunde liegt, kann die initial eingesetzte Zellmenge fast beliebig gesteigert werden. Hierdurch können Zelltropfen mit hoher Auflösung (entsprechend kleinen Volumina) und frei wählbarer Zelldichte mikrometer-genau gedruckt werden, was insbesondere für Gewebetypen mit hoher Zelldichte, wie z.B. Knorpel (vgl. Kapitel 6.3.1), einen großen Vorteil darstellt. Zu bedenken ist hierbei allerdings, dass sich mit steigender Zellanzahl auch die Viskosität des zelltragenden Sols ändert [64], was bei der Volumeneinstellung mit berücksichtigt werden muss.

[6] gleichbedeutend mit der initial eingesetzte Fluidmenge

6.2 Untersuchung der Zellschädigung durch den laserbasierten Druckprozess

Das Hauptkriterium, das alle *Bioprinter* erfüllen müssen, ist der schädigungsfreie Druck von lebenden Zellen zusammen mit ihrer Fluidmatrix. Im Verlauf des laserbasierten Druckprozesses werden die eingesetzten Zellen unterschiedlichen mechanischen und thermischen Belastungen ausgesetzt. Mechanische Belastungen treten während der Beschleunigungsphase durch die Ausdehnung der Dampfblase, während der Abbremsphase und bei dem Auftreffen des Jets auf dem *Kollektor* auf. Thermisch können die Zellen durch die einfallende infrarote Strahlung des Laserpulses, die Wärmeleitung sowie durch die Ausdehnung des Plasmas geschädigt werden.
Verschiedene Zelltypen reagieren sehr unterschiedlich auf externe Belastungen, deshalb werden die Zelltypen, die im Zuge dieser Arbeit verwendet wurden, im Folgenden kurz beschrieben. Für die Schädigungsuntersuchungen nach dem Druckprozess wurden Verfahren eingesetzt, die Aussagen über den Schädigungsgrad zulassen, nicht aber über die spezifische Art der Schädigung. Dadurch konnte für jeden Zelltyp standardisiert untersucht werden, ob eine Schädigung in irgendeiner Form vorliegt. Für diese standardisierten Untersuchungsreihen wurden die Überlebensrate und das Wachstum (Proliferation) der Zellen nach dem Druckprozess ermittelt, da sich Zellschädigungen entweder direkt nach dem Druckprozess oder einige Zeit später in einer Veränderung der Proliferation bemerkbar machen. Zusätzlich wurden bei allen Zelltypen mittels des Comet-Assays DNA-Schädigungen untersucht, da diese zu Mutationen (DNA-Schädigung) führen können, welche nicht notwendigerweise die Proliferation beeinflussen.

6.2.1 Verwendete Zelltypen

Für die in Kapitel 6.3 beschriebenen Zelldruckanwendungen kamen fünf Zelltypen aus zwei Zellklassen zum Einsatz (vgl. Tabelle 6.2). Die Einteilung der Zellen geschieht nach ihren Funktionen in Klassen, man unterscheidet Stammzellen einerseits sowie Primärzellen und Zelllinien andererseits. Stammzellen erfüllen im Gegensatz zu Primärzellen und Zellinien keine gewebespezifische Funktion, d.h. es sind nicht spezialisierte bzw. ausdifferenzierte Zellen. Stammzellen sind sehr proliferativ[7] und können in funktionelle Primärzelltypen differenziert werden.
Primärzellen sind spezialisierte Zellen, die direkt aus einem Gewebe durch den enzymatischen Abbau der EZM gewonnen wurden. Im Gegensatz zu Stammzellen sind die proliferativen Eigenschaften der Primärzellen sehr eingeschränkt. Dies hängt jedoch sehr stark von den einzelnen gewebespezifischen Zelltypen ab. Die Eigenschaften von Primärzellen, die aus einem festen Gewebeort entnommen werden, unterscheiden sich abhängig vom Alter, Geschlecht und Erbgut des Spenders sehr stark.
Zelllinien sind Primärzellen, die im Unterschied zu diesen kaum Schwankungen hinsichtlich ihres Verhaltens aufweisen, da sie nach einem festen Protokoll mit definierter Herkunft gewonnen werden.
Im Rahmen dieser Arbeit gab die Zellklasse auch den Einsatzbereich vor, für den die Zelltypen genutzt wurden. Zelllinien (NIH3T3 und HaCaT) wurden meistens für Vorversuche und

[7] lassen sich gut vermehren

Proof-of-Concept-Studien verwendet, da sie in beliebiger Zahl verfügbar sind, sehr robust sind und kaum Chargenschwankungen auftreten.

Zelltyp	**Kurzform**	**Zellklasse**	**Gewinnungsort**	**Spezies**
adipose-derived stem cells	ASC	Stammzelle	Fettgewebe [120]	Mensch
bone marrow-derived stem cells	BMSC	Stammzelle	Knochen-mark [121, 122]	Mensch/ Schwein
endothelial colony forming cells	ECFC	Primärzelle	Nabelschnur-blut [123]	Mensch
human adult low calcium high temperature keratinocytes	HaCaT	Zelllinie	Haut[121]	Mensch
embryonic fibroblasts	NIH3T3	Zelllinie	Haut [121]	Maus

Tabelle 6.2: Einteilung und Gewinnungsort der verwendeten Zelltypen

Für alle Anwendungen, die sich mit Zellverhalten und Zellinteraktion (vgl. Kapitel 6.3.3) befassten, wurden Primärzellen (z.B. ECFCs) eingesetzt. Sie geben das Verhalten des natürlichen *in-vivo*-Gewebezelltyps am besten wieder, da Pimärzellen Proteine exprimieren, die gewebespezifische Zellreaktionen hervorrufen. Deshalb stellen Primärzellen für die Untersuchung von Gewebeverbundbildung, Zell-Zell- und Zell-Umgebungsinteraktionen die bevorzugte Zellklasse dar, auch wenn sie im Vergleich zu Zelllinien deutlich empfindlicher auf äußere Einflüsse reagieren, sehr starke Chargenschwankungen aufweisen und sich die Kultivierung abhängig vom Primärzelltyp unterschiedlich schwer gestaltet.
Die letzte Klasse stellten die adulten Stammzellen dar, die unter geeigneten Kulturbedingungen in unterschiedliche funktionelle Zelltypen differenziert werden können. Stammzellen lassen sich in ausreichender Menge z.B. aus dem subkutanen[8] Fettgewebe (ASCs) oder Knochenmark (BMSCs) gewinnen und können unter *in-vitro*-Bedingungen vermehrt werden, ohne ihr Stammzellpotenzial zu verlieren. Diese Zellklasse wurde für alle Druckanwendungen genutzt, bei denen gedruckte 3D-Stammzellkonstrukte in unterschiedliche Gewebetypen, wie Knochen, Knorpel oder Fett, differenziert wurden. Die ausgereiften bzw. differenzierten 3D-Gewebekonstrukte wurden dann im Folgenden für *in-vitro*-Gewebeuntersuchungen genutzt (vgl. Kapitel 6.3.1). Der Vorteil bei der Nutzung von Stammzellen im Vergleich zu Primärzellen ist, dass sie unter *in-vitro*-Kulturbedingungen vermehrt und anschließend in einen vergleichbaren Primärzelltyp differenziert werden können. Stammzellen stellen neben einigen empfindlichen Primärzelltypen, wie z.B. Cardiomyozyten, sehr hohe Anforderungen an den Druckprozess, da sie zu spontanen Differenzierungen durch mechanische Belastungen neigen [124]. Deshalb müssen die Druckparameter im unteren Übertragungsbereich (geringe Laserpulsenergien) gehalten werden, um die Zellbelastung zu minimieren.
In Tabelle 6.2 sind die untersuchten Zelltypen dargestellt, deren Gewinnung sowie Kultivierungsmethoden sich in den angegebenen Referenzen finden.

[8] sub = unter ; cutis = Haut

6.2.2 Untersuchungsmethoden und Ergebnisse der Zellschädigungsuntersuchung

Aufgrund der Vielzahl unterschiedlicher Zelltypen wurden etablierte Standardmethoden verwendet, die eine negative Beeinflussung der Zellen durch den laserbasierten Druckprozess ausschließen konnten. Als standardisierte Auswertungsmethoden wurden hierfür die relative Überlebensrate und DNA-Schädigungen direkt nach dem Laserdruckprozess sowie die Proliferation der Zellen über einen längeren Zeitraum untersucht, die in den folgenden Kapiteln beschrieben werden. Diese allgemeinen Schädigungsuntersuchungen erlauben Aussagen darüber, ob ein Zelltyp durch den laserbasierten Druckprozess geschädigt oder beeinflusst wird, sie erlauben jedoch keine Aussage über die Art und Schwere der Schädigung bzw. Beeinflussung. Hierfür wurden zellspezifische Untersuchungsmethoden, wie z.B. Genexpression und Gap-Junction-Messung, genutzt, die je nach Anwendungsfall und Zelltyp im Kapitel 6.3 beschrieben werden.
Für alle hier beschriebenen Experimente wurde die Zell-Sol-Schichthöhe auf dem *Donor* auf 66 µm und die Höhe der Dämpfungsschicht auf dem *Kollektor* auf 100 µm gerakelt. Es wurden pro Druck $2*10^6$ Zellen eingesetzt und die Laserpulsenergie wurde im Bereich von 40 bis 60 µJ variiert. Weitere Informationen über die verwendete Solzusammensetzung für den jeweiligen Zelltyp finden sich für NIH3T3s sowie HaCaTs in [121], für BMSCs in [121, 122] und für ECFCs sowie ASCs in [120, 123].
Die statistische Auswertung der Untersuchungen erfolgte mit der Software Origin 8.0 (OriginLab, USA) und dem Studentschen-t-Test für zwei unabhängige Stichproben (detailliertere Informationen finden sich in [125]). Für alle Untersuchungen wurde als Nullhypothese angenommen, dass die zu den Stichproben zugehörigen Erwartungswerte gleich sind. Der „p-Wert", der für die einzelnen Messwerte angegeben wird, gibt unter Voraussetzung der Nullhypothese an, wie wahrscheinlich es ist, bei erneuter Durchführung der gleichen Versuchsreihe, zwei Stichproben zu erhalten, die mindestens so unterschiedlich sind wie die vorliegenden. Der „p-Wert" kann Werte zwischen $0 < p < 1$ annehmen und als Schwelle, bei der die Nullhypothese abgelehnt wird, wurde $p < 0{,}05$ gewählt. In dem Fall einer Ablehnung der Nullhypothese ($p < 0{,}05$) wird im Folgenden vom *signifikanten Unterschied* gesprochen und für alle Werte $p > 0{,}05$ von einem *nicht signifikanten Unterschied*. Da man für jeden Untersuchungszeitpunkt zweier Stichproben einen p-Wert erhält, wird bei den Proliferationsuntersuchungen nur der minimale p-Wert für den gesamten Untersuchungsbereich angegeben in der Form $p \geq p_{min}$.

Überlebensrate und Proliferation

Die Untersuchung der Überlebensrate und der Proliferation liefen nach dem gleichen Schema ab:

1. Das Zell-Sol wurde auf dem *Donor* aufgerakelt und nach der Schichterstellung im Druckaufbau fixiert.

2. Eine ausreichende Zellmenge wurde auf den *Kollektor* gedruckt, die danach mit phosphatgepufferter Salzlösung (PBS) abgespült und gesammelt wurde. Diese Zellen dienten als „Print"-Gruppe.

3. Die nicht gedruckten Zellen auf dem *Donor* wurden ebenfalls mit PBS abgespült und gesammelt. Diese Zellen dienten in den folgenden Untersuchungen als „Kontroll"-Gruppe.

Für die Ermittlung der Überlebensraten wurden die Print- und die Kontroll-Gruppen mit Trypanblau[9] angefärbt und in einer Zellzählkammer (Neubauerkammer, Roth GmbH) ausgezählt. Die Vitalität der Kontroll-Gruppe gibt dann die Referenzvitalität vor, mit der die Vitalität der Print-Gruppe prozentual verrechnet wird, wodurch man die Überlebensrate bzw. Todesrate der Zellen nach dem laserbasierten Druckprozess erhält.

Die Ergebnisse der Zellüberlebensuntersuchungen direkt nach dem laserbasierten Druckprozess sind in Tabelle 6.3 zusammengefasst. Was auffällt ist, dass die Überlebensraten unabhängig von dem verwendeten Zelltyp sind, was gerade bei der unterschiedlichen Empfindlichkeiten der Zellen nicht erwartet wurde. Somit bleibt festzuhalten, dass die Zellen unabhängig von ihrem Typ und ihrer Klasse, den laserbasierten Druckprozess nahezu 100%ig überlebt haben.

Zelltyp	**Überlebensrate**
HaCaT	98,6% $\pm$ 0,3%
NIH3T3	98,4% $\pm$ 0,8%
pBMSC	99,0% $\pm$ 1,3%
ASC	97,8% $\pm$ 3,1%
ECFC	99,7% $\pm$ 0,6%

Tabelle 6.3: Zellüberlebensrate (mean $\pm$ standard error of the mean (s.e.m.)) direkt nach dem Druckprozess

Die Überlebensraten spiegeln nur eine Momentaufnahme direkt nach dem Druckprozess wider, sie berücksichtigen nicht eine mögliche irreversibele Schädigung noch vitaler Zellen, die in ihrem Wachstumsverhalten eingeschränkt werden. Insofern ist die aussagekräftigere Untersuchung die des Zellwachstums über einen längeren Zeitraum, die sogenannte Proliferation (detailliertere Informationen finden sich in [122]).

Bei den Proliferationsuntersuchungen entspricht der „n"-Wert der Anzahl der Print- und Kontroll-Gruppen. Wird nur ein „n"-Wert gegeben, so ist die Anzahl der Print- und Kontroll-Gruppen gleich groß. Über den Vergleich der zeitlichen Wachstumswerte zwischen den Print- und Kontroll-Gruppen kann eine prozessbedingte Schädigung entweder ausgeschlossen oder bestätigt werden. Die Proliferationsverläufe der unterschiedlichen Zelltypen werden in Abbildung 6.11 dargestellt. Hierbei ergab sich die variierende Zellanzahl am Tag der Aussaat (Tag 0) sowie der Untersuchungszeitraum durch die unterschiedliche Wachstumsgeschwindigkeit der verschiedenen Zelltypen. An der logarithmischen Darstellung ist durch den linearen Verlauf klar das exponentielle Wachstum bei den HaCaTs, NIH3T3s, ECFCs und ASCs dargestellt, dieser Wachstumsverlauf entspricht dem natürlichen Zellteilungsverhalten. Bei den pBMSCs[10] (vgl. Abb. 6.11) weist das Zellwachstum sogar einen überexponentiellen Verlauf auf, was kein Indiz für eine Zellschädigung ist, da die nicht-gedruckte Kontrolle einen identischen Verlauf aufweist und somit von einem natürlichem Zellteilungsverhalten ausgegangen werden kann.

Bei der Gesamtbetrachtung der Proliferationsverläufe kann *kein signifikanter Unterschied* zwischen den Print- und Kontroll-Gruppen der NIH3T3s ($n = 6$; $p \geq 0{,}62$), HaCaTs ($n = 4$; $p \geq 0{,}18$), ECFCs ($n = 4$; $p \geq 0{,}11$), pBMSs ($n = 8$; $p \geq 0{,}16$) und ASCs ($n = 4$; $p \geq 0{,}43$) fest-

[9] Farbstoff, der nur tote Zellen blau anfärbt

[10] porcine bone marrow-derived stem cell

gestellt werden. Daraus folgt, dass die untersuchten Zellen nicht durch den laserbasierten Druckprozess in ihrem Proliferationsverhalten beeinträchtigt werden und somit direkte irreversible Zellschäden ausgeschlossen werden können.

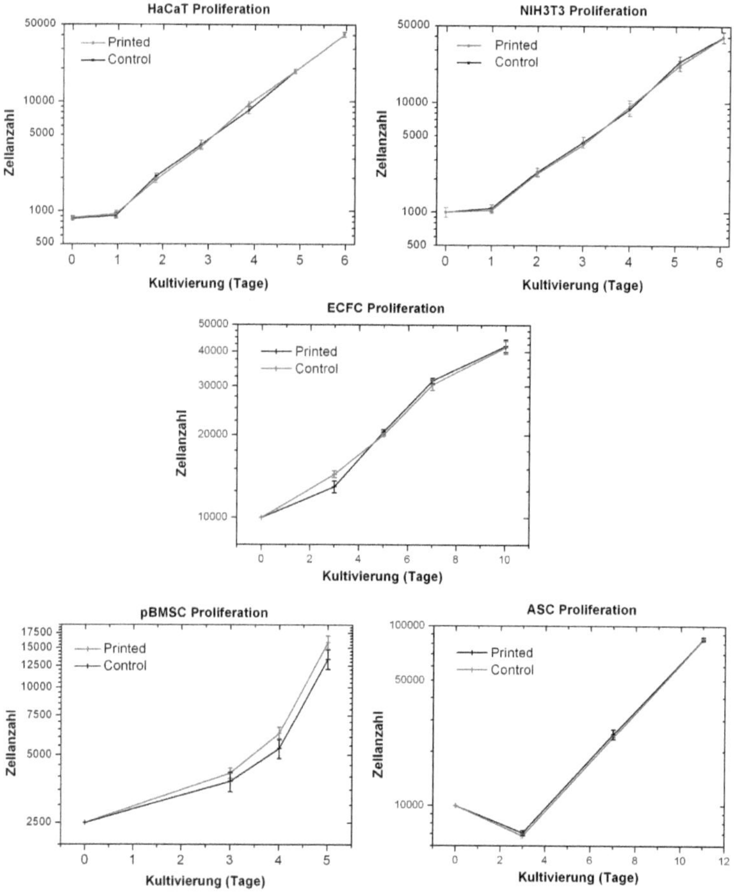

Abbildung 6.11: Proliferationsvergleich (mean±s.e.m.) zwischen gedruckten (Printed) und nicht gedruckten (Control) Zelltypen: (A) HaCaT, (B) NIH3T3, (C) ECFC, (D) pBMSC und (E) ASC.

Einzelzellgelelektrophorese

Unabhängig von dem Ausgang der Proliferationstests wurde die DNA-Schädigung der gedruckten Zellen mittels des Comet-Assays bzw. der Einzelzellgelelektrophorese untersucht (detailliertere Informationen finden sich in [126]). Ähnlich wie bei der Proliferations- und Überlebensratenuntersuchung werden die nicht gedruckten Zellen auf dem *Donor* als Kontroll-Gruppe und die gedruckten Zellen als Print-Gruppe genommen. Zusätzlich wird eine weitere Gruppe hinzugezogen, bei der die Zell-DNA vorsätzlich durch die 30-minütige Kultivierung in einer 200 mM H_2O_2-Lösung geschädigt wurde. Diese Gruppe wird genutzt um das Funktionieren des Comet-Assays zu bestätigen, der wie folgt abläuft:
Zuerst werden die Zellen auf dem mit Agarose beschichteten *Kollektor* gedruckt sowie nach dem Aushärten der ersten Agaroseschicht (bei 4℃ für 10 min) mit einer zweiten Agaroseschicht eingebettet und als Print-Gruppe markiert. Analog wird mit den nicht gedruckten Restzellen auf dem *Donor* verfahren, die die Kontroll-Gruppe repräsentieren. Anschließend werden die unterschiedlichen Gruppen für 90 min in einer Pufferlösung (2,5 M NaCl, 100 mM Na_2EDTA, 10 mM Tris, 1% Laurylsarcosin, 1% Triton X-100 und 10% DMSO[11]) lysiert[12], für 40 Minuten in einem Elektrophoresepuffer inkubiert, um die DNA-Stränge zu entwickeln, und danach für 20 min einem elektrischen Feld ausgesetzt (25 V, 300 mA, 4℃). Da die DNA und ihre Fragmente eine negative Ladung aufweisen, folgen die DNA-Einzelfragmente über die Poren der Agarose dem elektrischen Feld. Hierbei legen kleinere Fragmente in der gleichen Zeit einen längeren Weg zurück als größere und der sogenannte „Kometenschweif" bildet sich aus, d.h. je stärker fragmentiert die DNA ist, desto länger wird der Schweif des Kometen. Sichtbar wird der Kometenschweif durch eine Ethidiumbromid-Färbung (20 µg/ml) und das manuelle oder automatisierte[13] Auswerten der Zellfluoreszenzaufnahmen, wobei die Schweiflängen üblicherweise als „Tailmoment" [127] angegeben werden. Der „n"-Wert wird bei dem Comet-Assay nicht mit angegeben, da unabhängig von der Anzahl der Versuche immer mindestens 1000 Zellen pro Gruppe ausgewertet werden. Für die Ermittlung des „p"-Werts wird die Anzahl der Druckversuche pro Gruppe genutzt (n = 4). Über die Tailmoments kann dann ein Vergleich der DNA-Fragmentierungsgrade von den Print- und Kontroll-Gruppen durchgeführt werden, welcher Aussagen über den Schädigungsgrad der Zell-DNA erlaubt.

	Tailmoments	
Zelltyp	**Printed**	**Control**
HaCaT	2,31 ± 0,25	2,41 ± 0,38
NIH3T3	1,72 ± 0,43	1,81 ± 0,33
BMSC	1,18 ± 0,13	1,34 ± 0,15
ASC	2,07 ± 0,22	1,64 ± 0,14
ECFC	1,53 ± 0,16	1,26 ± 0,11

Tabelle 6.4: Untersuchung der DNA-Schädigung von gedruckten Zellen (Printed) und nicht gedruckten Kontrollzellen, angegeben als Tailmoment (mean ± s.e.m.)

Die Ergebnisse der DNA-Schädigungsuntersuchungen der verschiedenen Zelltypen sind in Tabelle 6.4 aufgeführt. Auch bei dieser Untersuchungsreihe konnte *kein signifikanter Unter-*

[11] Dimethylsulfoxid
[12] Auflösung der Zellmembran
[13] mittels der frei erhältlichen Software „Comet scoring" auf www.autocomet.com

schied der DNA-Schädigung von nicht gedruckten Kontrollzellen und gedruckten Zellen gefunden werden. Dies ist besonders bemerkenswert, da die unterschiedlichen Zelltypen dem gleichen Druckimpuls im Bereich von 40 bis 60 µJ ausgesetzt wurden und, wie eingangs erwähnt, insbesondere Primär- und Stammzellen sehr empfindlich auf äußere Belastungen reagieren. Trotzdem lassen sich durch die statistische Auswertung keine Hinweise auf unterschiedlich hohe DNA-Schädigung zwischen den unterschiedlichen Zelltypen NIH3T3s ($p \geq 0{,}87$), HaCaTs ($p \geq 0{,}83$), ECFCs ($p \geq 0{,}21$), pBMSs ($p \geq 0{,}45$) und ASCs ($p \geq 0{,}15$) finden. Das spricht dafür, dass selbst bei einer relativ hohen Übertragungsenergie von 40 bis 60 µJ (vgl. Kapitel 6.1.2) die äußere Belastung durch die Fließübertragung des Jets unterhalb der Schädigungsschwelle selbst von empfindlichen Zelltypen (z.B. ASCs, BMSCs und ECFCs) liegt.
Festzuhalten bleibt, dass die DNA der Zellen durch den laserbasierten Druckprozess nicht geschädigt wird.

6.2.3 Diskussion

Eine Grundbedingung, die alle Bioprint-Techniken erfüllen müssen, ist der schädigungsfreie Übertrag von lebenden Zellen. Dies ist insbesondere im Hinblick auf den späteren Einsatz von Bioprintern für unterschiedliche biologische Untersuchungen wichtig, da prozessbedingte Schädigungen der Zellen ausgeschlossen werden müssen, die im späteren Untersuchungsverlauf zu unkontrollierbarem Zellverhalten führen könnten. Hierfür wurden etablierte standardisierte Untersuchungsmethoden, wie Überlebensrate, Proliferation und DNA-Schädigung, verwendet. Es konnte statistisch gezeigt werden, dass die Zellen durch den laserbasierten Druckprozess nicht beeinflusst bzw. geschädigt werden.
Der düsenfreie Jetübertrag bietet gegenüber anderen Düsendrucktechniken, wie z.B. Inkjets, einige Vorteile. Bei Inkjets liegt die Zellüberlebensrate nach dem Druckprozess abhängig vom Zelltyp zwischen 80% und 90% [11, 128] und die Zellüberlebensrate sinkt mit steigender Viskosität der Zellsuspension (< 0,1 mPa [129]), aufgrund des steigenden Scherstresses an der Düsenöffnung. Dieser führt ab einem kritischen Wert zu einer Protein-Denaturierung, wodurch Zellen irreversibel geschädigt werden [130]. Zudem führen diese geringen Viskositätswerte automatisch zu einer geringen Zelldichte (üblicherweise zwischen $2 \cdot 10^6$ und $5 \cdot 10^6$ Zellen/ml [27, 128]) in der Ausgangssuspension und somit zu geringen Zelldichten im gedruckten Tropfen. Der hier vorgestellte laserbasierte Druckprozess hat diese Limitation aufgrund des düsenfreien Jetübertrags nicht (vgl. Kapitel 6.1). Es können beliebige hoch- oder niederviskose Fluide mit einer frei einstellbaren Zelldichte gedruckt werden. Zudem wird der Schädigungsgrad der gedruckten Zellen weder durch die Solviskosität noch durch die Zelldichte signifikant beeinflusst [64, 67, 122, 131, 132].
In den letzten Jahren wurde, neben den hier erwähnten Zelltypen eine Vielzahl weiterer Zelltypen unterschiedlicher Klassen mittels vergleichbarer laserbasierter Drucktechniken von anderen Gruppen übertragen und auf prozessbedingte Zellschädigungen hin untersucht [58]. Neben der Überlebensrate, der Proliferation und der DNA-Schädigung wurden die Apoptoserate[14] [121], die Hitzeschock-Proteinexpression [56], Proteinnachweise über spezifische Färbungen [131, 133] und die Gen-Expression mittels FACS- [121] sowie RT-PCR[15]-Methoden

[14]selbst induzierter Tod der Zellen nach irreversibeler Schädigung
[15]reverse Transkriptase polymerase Kettenreaktion

[120, 122] von gedruckten Zellen untersucht. In keiner dieser Studien konnte ein Nachweis dafür gefunden werden, dass die hier vorgestellte laserbasierte Drucktechnik einen schädigenden Einfluss auf Zellen hat.
Somit werden die Zellen unabhängig von ihrer Klasse und ihrem Typus nachweislich nicht durch den laserbasierten Druckprozess geschädigt. Deswegen kann bei der folgenden Vorstellung der Zelldruckanwendungen die prozessbedingte Beeinflussung der Zellen ausgeschlossen werden.

6.3 Einsatz des laserbasierten Drucksystems in der Biologie

Ein Drucker als biologisches Werkzeug für das computergesteuerte Anordnen von lebenden Zelltypen eröffnet eine Vielzahl neuer Anwendungsmöglichkeiten. Waren bisherige Untersuchungen noch auf adhärente 2D Zellkulturen bzw. über den Einsatz von Scaffolds und Hydrogelen auf einfache 3D Kulturen beschränkt, können mit der laserbasierten Drucktechnik 3D Freiform-Geometrien erstellt werden, die aus unterschiedlichen Zelltypen, variierenden Zelldichten und verschiedenen Hydrogelumgebungen bestehen. Dies ermöglicht beispielsweise die Herstellung von 3D monozellulären Stammzellkonstrukten, die im Folgenden für die *in-vitro*-Untersuchungen von Gewebeentstehung, Stammzellnischen und Umgebungseinflüssen genutzt werden können. Da natürliches Gewebe nicht nur aus einem Zelltyp besteht, sondern die Gewebefunktionalität durch die Interaktion mehrerer Zelltypen bestimmt wird, wurden 3D multizelluläre Konstrukte gedruckt und *in vitro* die Interaktionen unterschiedlicher Zelltypen während der Gewebeverbundbildung untersucht.
Über Zell-Zell-Interaktionen ist wenig bekannt, da mit bestehenden Methoden Zellinteraktionen über Kokulturen mit homogener Zellverteilung untersucht werden, deren Auswertung schwierig ist. Deshalb wurde über den Druck eines 3D Zellarrays eine Methode entwickelt, bei der Zell-Zell-Interaktionen verschiedener Zelltypen mit frei variierbaren Zell-Zell-Abständen, Zelldichten, Zell-Zell-Kombinationen und austauschbarer Hydrogelumgebung untersucht und visualisiert werden können.

6.3.1 3D monozellulärer Gewebedruck

Die computergesteuerte Herstellung von 3D Stammzellkonstrukten eröffnet eine Vielzahl neuer Einsatzbereiche in der regenerativen Medizin sowohl für *in-vitro*- als auch *in-vivo*-Anwendungen. So ist wenig darüber bekannt, welche Signale im Körper dafür zuständig sind, dass sich Stammzellen entweder vermehren und migrieren[16] oder in unterschiedliche Gewebezelltypen ausreifen bzw. differenzieren. Die Signale, die für die Zellentwicklungswege verantwortlich sind, werden *in vivo* von der komplexen 3D Zellmikroumgebung vorgegeben, der sogenannten Stammzellnische. Innerhalb dieser Umgebung bestimmen Zell-Zell-Kontakte, Zell-Matrix-Adhäsionen, äußere Belastungen sowie der Austausch von Nährstoffen und Sauerstoff die Entwicklung von Stammzellen [134].
Um eine möglichst naturgetreue Kopie einer Nische anzufertigen, müssen folgende Punkte eingehalten werden:

1. Die Stammzellumgebung muss aus einem Material bestehen, das nicht nur biokompatibel ist, sondern auch durch seine Struktur den Austausch von Nährstoffen und Sauerstoff gewährleistet. Zudem muss das Material über einen längeren Kultivierungszeitraum stabil bleiben und induzierte dynamische Belastungen aushalten können, die vergleichbar mit natürlichen sind.
2. Die Stammzellen müssen kontrolliert in 3D angeordnet werden, um Zell-Zell- und Zell-Matrix-Verbindungen zu erzielen, die sie auch in ihrem natürlichen Umfeld ausbilden würden.
3. Die Stammzelldichte muss innerhalb des 3D Konstruktes frei variiert werden können, da Zellreaktionen und -differenzierung von der umgebenden Zelldichte abhängen [135].

[16] wandern

Um die Untersuchung dieser Nischeneffekte zu ermöglichen, wurde im Rahmen dieser Arbeit ein Zell-Hydrogelkonstrukt entwickelt und gedruckt, das im folgenden Kapitel dargestellt wird. Als Hydrogelmatrix kam ein 2%iges Alginat-EDTA-Blutplasma Sol, als Zelltypen kamen Stammzellen aus Schweineknochenmark (BMSCs) und menschliche Fettgewebestammzellen (ASCs) zum Einsatz. Diese 3D Stammzellkonstrukte wurden danach über einen Zeitraum von drei Wochen in unterschiedliche Gewebeabstammungslinien differenziert und mittels verschiedener biologischer Methoden, die in Kapitel 6.3.1 beschrieben werden, auf ihr gewebespezifisches Verhalten hin untersucht. Für die chondrogene[17] Differenzierung sowie die osteogene[18] Differenzierung wurden BMSCs genutzt, für die adipogene[19] Differenzierung wurden ASCs eingesetzt. Das Blutplasma wurde je nach verwendetem Zelltyp entweder vom Schwein oder vom Menschen gewonnen. Detaillierte Informationen über die Differenzierungsbedingungen Richtung Knochen, Knorpel und Fett sowie die Gewinnung des Blutplasmas finden sich in [120, 122].

Drucktechnische Umsetzung

Die Herstellung der 3D Stammzellkonstrukte lässt sich prinzipiell in drei Schritte unterteilen (vgl. Abb. 6.12).

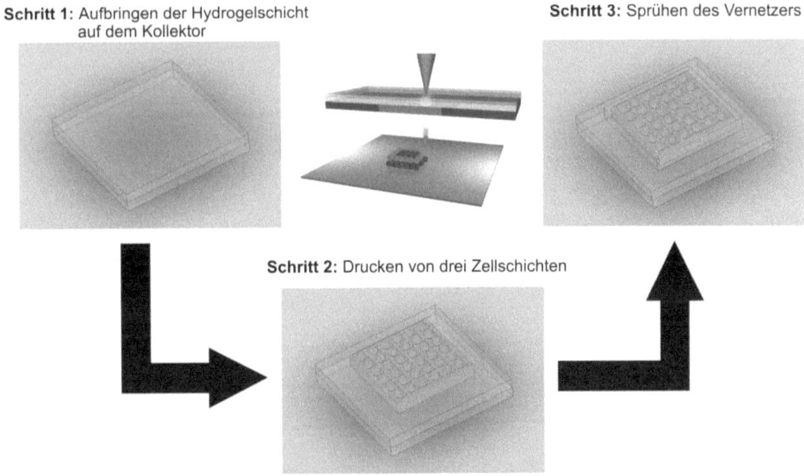

Abbildung 6.12: Schematische Darstellung der Herstellung von 3D Stammzellkonstrukten

Im ersten Schritt wird eine 90 µm dicke Sol-Dämpfungsschicht (1%iges Alginat-EDTA Blutplasma-Sol) auf den *Kollektor* gerakelt, mit einer 0,1 M Kalziumchlorid-Lösung ($CaCl_2$) eingesprüht und für 5 Minuten in der $CaCl_2$-Lösung bei Raumtemperatur belassen. Nach der Hydrogelausbildung wird der noch feuchte *Kollektor* im Druckaufbau angebracht. Im zweiten

[17] Richtung Knorpel
[18] Richtung Knochen
[19] Richtung Fett

Schritt werden $2*10^6$ Stammzellen (BMSCs oder ASCs) in 45 µl eines 2%igen Alginat-EDTA Blutplasma-Sols resuspendiert, auf dem *Donor* in einer 65 µm hohen Schicht aufgerakelt und in dem Druckaufbau planparallel über dem beschichteten *Kollektor* angebracht. Der *Donor-Kollektor*-Abstand beträgt für alle Druckexperimente 500 µm. Danach wird der Laserstrahl mit einer Pulsenergie von 45 µJ und einer Pulsrepetitionsrate von 20 Hz über den *Donor* in einer Gittergeometrie (Linienabstand 1 mm und Linienlänge 6 mm; vgl. Abbildung 6.13A) verfahren. Die Verfahrgeschwindigkeit wird mit 1,5 mm/sec so gewählt, dass sich bei 20 Hz Pulsrepetitionsrate ein Spotabstand von 75 µm ergibt. Da die gedruckten Tropfen einen Durchmesser von $\sim$ 150 µm haben, erhält man dadurch eine durchgehende Linie von 150 µm Breite und durch das Drucken von 7 horizontalen und 7 vertikalen Linien eine Gittergeometrie mit den Abmaßen 6 x 6 mm^2. Diese Gittergeometrie wurde dreimal übereinander gedruckt, bevor im dritten Schritt der *Kollektor* aus dem Druckaufbau entnommen wird und eine 0,1 M $CaCl_2$-Lösung über die Gittergeometrie gesprüht wird. Anschließend wird das gedruckte Gitter für 5 min in der $CaCl_2$-Lösung bei Raumtemperatur belassen. Der zweite und dritte Schritt wird ingesamt zweimal wiederholt, d.h. die Gittergeometrie mit insgesamt 14 Linien wird sechsmal übereinandergedruckt und zweimal mit $CaCl_2$ eingesprüht.

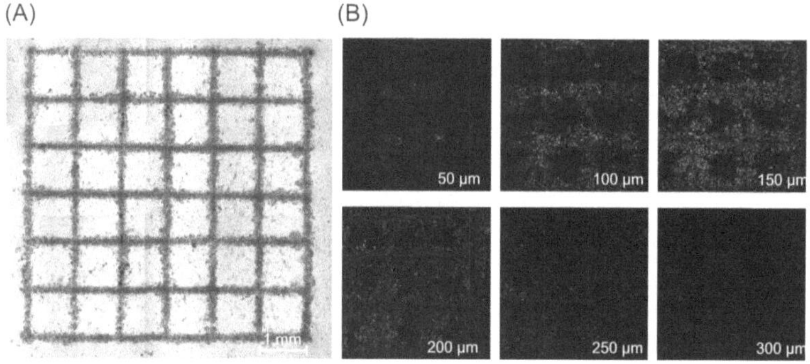

Abbildung 6.13: Mikroskopaufnahmen des 3D Stammzellkonstruktes in Gittergeometrie: (A) Mikroskopaufnahme des Gesamtgitters und (B) Laserscanning Aufnahmen aus unterschiedlichen Höhen des 3D Stammzellkonstruktes

Abschließend wurden die gedruckten Zellgitter für 30 min in einer 0,1 M $CaCl_2$-Lösung vollständig ausgehärtet und unter definierten Bedingungen (37°C und 5% CO_2-Gehalt) kultiviert. Die Gitterhöhe, die sich bei sechs übereinander gedruckten Gittern einstellt, wurde mittels eines Laserscanning-Mikroskops vermessen. Hierfür wurden BMSCs vor dem Druckprozess mit Calcein-AM gefärbt und in die Gittergeometrie gedruckt. Danach wurde der Ausschnitt eines Gitter in unterschiedlichen Schichthöhen (5 µm Schichtabstand pro Einzelbild) aufgenommen und vermessen. Wie in Abbildung 6.13B ersichtlich ist, ergibt sich bei sechs Zellschichten pro Gitter eine Gesamthöhe des Gitters von $\sim$ 300 µm, was zusammen mit der Linienbreite von $\sim$ 150 µm ein Gesamtvolumen des Gitters von $4,1*10^9$ μm^3 ergibt. Mit der gemittelten Zellanzahl pro gedrucktem Tropfen von $\sim$ 24, der Verfahrgeschwindigkeit von 1,5 mm/s, der Pulsrepetitionsrate von 20 Hz, dem Spotabstand und dem Gittervolumen ergibt sich hieraus für das gesamte Gitterkonstrukt eine Zelldichte von $\sim$ 46000 Zellen/µl.

Differenzierung und Charakterisierung der 3D-Gewebekonstrukte

Die Charakterisierung der differenzierten 3D-Stammzellkonstrukte in Gittergeometrie erfolgte auf zwei Wegen:

- *quantitativ* an Stammzellen, die direkt nach dem Druck vom *Kollektor* gespült wurden.
- *qualitativ* an Stammzellen, die direkt in der 3D-Gittergeometrie kultiviert wurden.

Die *quantitative* Charakterisierung diente als Beweisführung, dass Stammzellen hinsichtlich ihres Differenzierungspotentials nicht durch den laserbasierten Druckprozess beeinflusst werden und die *qualitative* Charakterisierung diente dazu aufzuzeigen, dass die gesamte Generierungsprozedur der 3D-Zell-Hydrogel-Konstrukte (z.B. Aushärtung des Hydrogels, Gelhärte, Differenzierung direkt nach Druck) keinen negativen Einfluss auf das Verhalten der Stammzellen hat.
Die biologischen Nachweise spezifischer Gewebemarker sowohl der *quantitativen* als auch der *qualitativen* Untersuchungsreihen erfolgten über die Genexpressionsprofile der differenzierten Stammzellen mittels reverser Transkriptase-Polymerase-Kettenreaktion (RT-PCR). Bei dieser Expressionsanalyse wird die Messenger-Ribonukleinsäure (mRNA) in komplementäre Desoxyribonukleinsäure (cDNA) umgeschrieben. Aus dem genetischen Code der cDNA können die Aminosäuresequenzen eines Proteins abgeleitet werden, welche die mRNA kodiert. Das bedeutet, dass, z.B. bei der Untersuchung von Gewebeknorpel gezielt nach gewebetypischen Proteine wie z.B. Collagen Typ II gesucht wird, deren genetischer Fingerabdruck der cDNA entspricht. Um unterschiedliche Proben bei der Genexpressionsanalyse vergleichbar zu machen, wird neben den gewebespezifischen Proteinen auch noch das sogenannte „Housekeeping Gen“, in diesem Fall Glycerinaldehyd-3-phosphat-Dehydrogenase (Kurzform: GAPDH), mit ausgelesen. GAPDH ist ein Gen, das unabhängig von Zelltyp, Zellstadium und äußeren Einflüssen von Zellen exprimiert wird und mit dessen Hilfe die Bandenstärken (Helligkeitswerte der PCR-Balken) der gewebespezifischen Proteine normalisiert werden können (Geräteinformationen finden sich in [122]).
Da die RT-PCR keine Angaben über mögliche Proteinkonzentrationen geben kann, wurden zusätzlich noch Immunofluoreszenzfärbungen an Gefrierschnitten sowie der Proteinmengennachweis über Färbungen und Absorptionsmessungen durchgeführt. Dies ermöglichte zum einen, bei den *quantitativen* Untersuchungsreihen die Akkumulation von Gewebeproteinen über Vergleichsgruppen nachzuweisen, zum anderen, bei den *qualitativen* Untersuchungsreihen die Konzentrationsverteilung der Proteine darzustellen. Detailliertere Informationen über den methodischen Ablauf der RT-PCR sowie der Primersequenzen, der Immunofluoreszenzfärbungen, der Absorptionsmessungen und der Einbettung der Zellen sind für den Nachweis von chondrogenen und osteogenen Proteine in [122] und den Nachweis der adipogenen Proteine in [120] beschrieben.
Der „n“-Wert bezeichnet bei allen Experimenten die Anzahl der Druckversuche, die für die Auswertung genutzt wurden, als nicht gedruckte Kontrollzellen (Control) dienten wie in Kapitel 6.2.2 die nicht übertragenen BMSCs bzw. ASCs auf dem *Donor*.

Osteogene Differenzierung Um mögliche Veränderungen des Differenzierungspotenzials von BMSCs durch den laserbasierten Druckprozess auszuschließen, wurden die knochenspezifischen Marker Alkalische Phosphatase (ALP), Osteocalcin und gebildetes Kalzium von

gedruckten und nicht gedruckten BMSCs *quantitativ* untersucht. Hierfür wurden jeweils gedruckte und nicht gedruckte BMSCs über einen Zeitraum von 21 Tagen unter osteogenen Differenzierungsbedingungen kultiviert und mit BMSCs verglichen, die über den gleichen Zeitraum unter normalen Bedingungen[20] kultiviert wurden.
Die Alkalische-Phosphatase-Aktivität (über p-Nitrophenol) und die Bildung von Kalzium in den vier Untersuchungsgruppen wurde zu vier Messzeitpunkten während der dreiwöchigen Kultivierung ermittelt. Wie in Abbildung 6.14A zu sehen ist, steigt die ALP-Aktivität ab dem dritten Tag bei den beiden Gruppen (Printed und Control), die unter osteogenen Differenzierungsbedingungen kultiviert werden, bis zum 15. Tag deutlich an und stagniert danach bis zum 21. Tag. Der sinkende Anstieg der ALP-Aktivität bis zur Stagnation korreliert mit der steigenden Bildung von Kalzium (Kalzifizierung der Zellumgebung), die in Abbildung 6.14B dargestellt ist. Bei dem Vergleich beider Kurven in Abbildung 6.14A und B sieht man, dass die Kalziumproduktion gegenüber der ALP-Aktivität verzögert ist. Die Kalziumbildung ist erstmalig deutlich am 7. Differenzierungstag sichtbar und steigt dann deutlich bis zum 21. Tag an. Mit steigender Kalziumbildung ab dem 7.Tag verringert sich zeitgleich der Anstieg der ALP-Aktivität der BMSCs. Diese Kurvenverläufe sind typisch für die osteogene Differenzierung von Stammzellen [136] und können dadurch erklärt werden, dass mit der Versteifung der direkten Zellumgebung durch die steigende Kalzifizierung die Zellen in ihrer Aktivität eingeschränkt werden. Der leichte Anstieg der ALP-Aktivität der unstimulierten[21] Gruppe (vgl. Abb. 6.14A) ist normal, da ALP kein reiner knochenspezifischer Marker ist und in unterschiedlichen Geweben in geringen Konzentrationen vorkommt. Jedoch ist der ALP-Wert während des Knochenwachstums stark erhöht und wird deshalb üblicherweise als osteogener Differenzierungsnachweis mit verwendet. Kalziumablagerungen als Knochenmarker sind hingegen bei der unstimulierten Gruppe (vgl. Abb. 6.14A) über den gesamten Untersuchungszeitraum nicht nachweisbar. Der Vergleich der stimulierten Gruppen gedruckter und nicht gedruckter BMSCs zeigt keinen signifikanten Unterschied, weder bei der ALP-Aktivität ($p \geq 0{,}36$; n=8) noch bei der Kalziumbildung ($p \geq 0{,}13$; n=8) über den Zeitraum von 21 Tagen. Dies lässt darauf schließen, dass der laserbasierte Druckprozess keinen negativen Einfluss auf das osteogene Differenzierungspotential von BMSCs hat. Zudem zeigen die Werteverläufe der ALP-Aktivität und der Kalziumbildung bei unstimulierten BMSCs, dass die mechanische Belastung während des Druckprozesses wahrscheinlich sehr gering ist und eine unkontrollierte osteogene Differenzierung der BMSCs aufgrund von mechanischen Kräften [137] ausgeschlossen werden kann. Diese Ergebnisse wurden zusätzlich noch über RT-PCR durch die Genexpression von Osteocalcin abgesichert. Osteocalcin wird als biochemischer Marker für den Nachweis des Knochenbildungsprozesses genutzt. Höhere Osteocalcin-Werte korrelieren mit höherer Knochenmineraldichte (Kalzium). Wie in Abbildung 6.14C erkennbar ist, sind die Expressionslevel von gedruckten und nicht gedruckten BMSCs nach 7 und nach 21 Tagen unter osteogenen Kulturbedingungen annähernd identisch (unstimulierte BMSCs wurden als Referenz mit ausgewertet). Das Stagnieren des ALP-Levels[22] bei gleichzeitig leichtem Anstieg des Osteocalcin-Levels zwischen Tag 7 und Tag 21 deckt sich mit den Werteverläufen aus Abbildung 6.14A und B, auch hierbei gibt es keinen Hinweis auf die mögliche Zellschädigung durch den laserbasierten Druckprozess.

[20] Standardbedingungen für die *in-vitro*-Kultivierung

[21] gedruckte und nicht gedruckte BMSCs, die unter normalen Bedingungen kultiviert wurden

[22] Helligkeitswert des PCR-Balkens

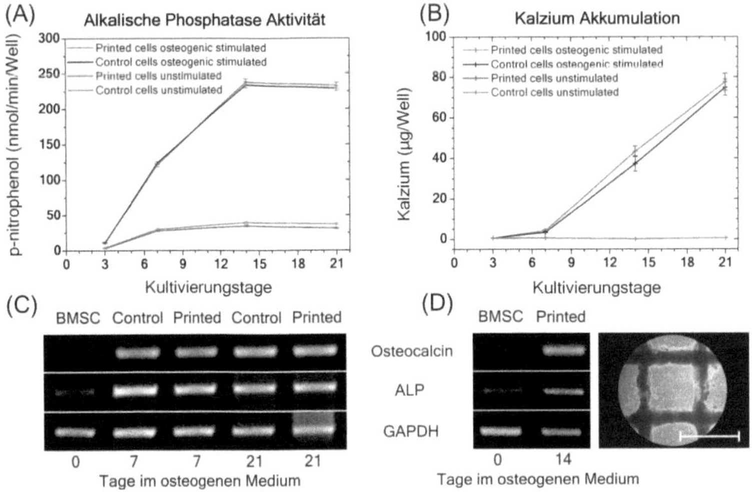

Abbildung 6.14: Quantitative Untersuchung der (A) Alkalischen-Posphatase Aktivität (ALP) und (B) der Kalzium-Akkumulation über einen Zeitraum von 21 Tagen. Werte werden als mean±s.e.m. angegeben (n=8 für beide Untersuchungen). (C) Expression von Osteocalcein und ALP-mRNA mittels RT-PCR von gedruckten (Printed) und nicht-gedruckten BMSCs (Control) im Vergleich zu unstimulierten BMSCs (BMSC). GAPDH diente als interne Expressionskontrolle. (D) Expression von Osteocalcin und ALP-mRNA von BMSCs (Printed), die für 14 Tage in dem 3D Gitter unter osteogenen Bedingungen kultiviert wurden, im Vergleich zu unstimulierten BMSCs (BMSC). Größenbalken = 1000 µm.

Für die *qualitative* Untersuchungsreihe wurde die Genexpression der knochenspezifischen Marker Osteocalcin und ALP von Zellen ermittelt, die für 14 Tage im 3D Gitter (vgl. Abbildung 6.13) unter osteogenen Differenzierungsbedingungen kultiviert wurden. Nach 14 Kultivierungstagen im 3D Gitter können ALP und Osteocalcin im Vergleich zu unstimulierten BMSCs eindeutig nachgewiesen werden (vgl. Abbildung 6.14D). Die Kalziumablagerungen sind nach 14 Kultivierungstagen ebenfalls im 3D Gitter zu erkennen (vgl. Gitterstruktur in Abb. 6.14D).

Chondrogene Differenzierung Bei den *quantitativen* Untersuchungsreihen für die Differenzierung der BMSCs mussten Zell-Aggregate[23] mittels Zentrifugieren hergestellt werden[24], da die hohe Zelldichte eines Zell-Aggregates der embryonalen Entwicklung von Knorpelgewebe aus Stammzellen am nächsten kommt [138]. Stammzellenaggregate reifen unter chondrogenen Differenzierungsbedingungen wesentlich besser und schneller zu Knorpelzellen heran als es in einer adhärenten Standardzellkultur der Fall wäre.

Die BMSC-Aggregate, die aus gedruckten und nicht gedruckten Zellen hergestellt worden sind, wurden für drei Wochen unter chondrogenen Bedingungen kultiviert und auf die Proteinexpression der knorpelspezifischen Marker Collagen Typ II sowie Aggrekan mittels Im-

[23] eine dichte Ansammlung vieler Zellen

[24] Methode der Zell-Aggregate-Herstellung sind in [122] beschrieben

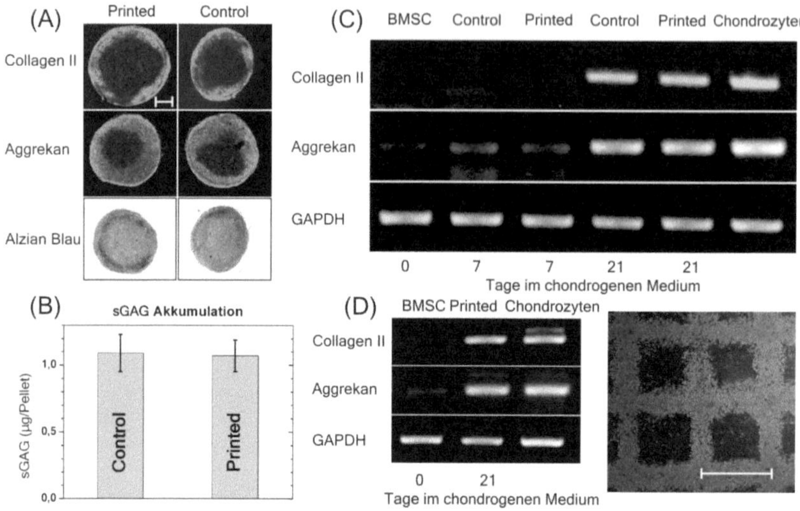

Abbildung 6.15: Quantitative Untersuchung der chondrogenen Marker mit (A) dem Immunofluoreszenznachweis von Typ II Collagen und Aggrekan (Grüne Färbung) sowie sGAG (Blau Färbung über Alzian Blau) von Pelletkulturen gedruckter (Printed) und nicht-gedruckter (Control) BMSCs nach 21 Tagen unter chondrogenen Kulturbedingungen. Zellkerne sind jeweils in blau mit eingefärbt. (B) Quantitativer Nachweis von sGAG nach 21 Tagen unter chondrogenen Kulturbedingungen von gedruckten (Printed) und nicht-gedruckten (Control) BMSCs. Werte werden als mean$\pm$s.e.m angegeben (n=5). (C) Genexpression mittels RT-PCR von gedruckten (Printed) und nicht-gedruckten (Control) BMSCs im Vergleich zu primären Knorpelzellen (Chondrozyten) und nicht stimulierten BMSCs (BMSC) über einen Zeitraum von 21 Tagen unter chondrogenen Kultivierungsbedingungen. (D) Genexpression von Collagen Typ II und Aggrekan von BMSCs, die für 21 Tage im Gitter kultiviert wurden, im Vergleich zu unstimulierten BMSCs (BMSC) und primären Knorpelzellen (Chondrozyten). GAPDH wurde bei (C) und (D) als interne Expressionskontrolle mit ausgewertet. Größenbalken bei (A) 200 µm und bei (D) 1000 µm.

munofluoreszenzfärbungen an Kryostatschnitten, über Absorptionsmessung der sulfatierten Glycosaminoglykane (sGAG) mittels direkter Färbung sowie die Genexpression chondrogener Marker über RT-PCR untersucht.

Der Collagen Typ II und Aggrekan Proteinnachweis erfolgte mit einer indirekten Immunofluoreszenzfärbung auf Basis einer Antigen/Antikörperreaktion, die nach folgendem Schema am Beispiel eines Collagen Typ II Nachweises abläuft: Als erster Schritt wird auf einen Kryostatschnitt einer Probe ein monoklonaler[25] Antikörper, der sogenannte Primärantikörper, gegen Collagen Typ II gegeben, der an diesen bindet. Im zweiten Schritt werden die nicht gebundenen Primärantikörper abgewaschen und die Probe wird mit einen zweiten Antikörper, dem sogenannten Sekundärantikörper, inkubiert. Dieser Sekundärantikörper ist mit einem Fluoreszenzfarbstoff markiert und bindet an den Primärantikörper. Im letzten Schritt wird der überschüssige nicht gebundene Sekundärantikörper abgewaschen und Collagen Typ II kann über den Fluoreszenzfarbstoff nachgewiesen werden. Detailliertere Information finden sich in dem ergänzenden Methodenteil von [122].

[25] geht, im Unterschied zu poliklonal, nur gegen einen spezifischen Molekülabschnitt des Antigens

In Abbildung 6.15A wurden mittels Fluoreszenzaufnahmen (grüne Färbung; Zellkerne wurden blau gefärbt) Collagen Typ II, Aggrekan und sGAG histochemisch über Alzian Blau von gedruckten und nicht gedruckten BMSCs nachgewiesen. Sowohl die gedruckten als auch die nicht gedruckten BMSCs wurden als Aggregate drei Wochen lang unter chondrogenen Bedingungen kultiviert und Fluoreszenzsignale mit vergleichbaren Intensitäten konnten in beiden Gruppen festgestellt werden. Diese Ergebnisse wurden zusätzlich noch über einen sGAG-Assay (vgl. 6.15B) und den Nachweis der Genexpression von Collagen Typ II sowie Aggrekan (vgl. 6.15C) abgesichert. Weder beim sGAG-Assay ($p=0{,}92$; $n=5$) noch bei der Genexpressionsanalyse nach 7 und 21 Tagen konnte ein Hinweis darauf gefunden werden, dass die Stammzellen durch den laserbasierten Druckprozess in irgendeiner Weise geschädigt oder in ihrem Differenzierungsverhalten verändert wurden.
Auch bei den im 3D Gitter kultivierten und differenzierten BMSCs zeigt die Genexpression nach 21 Tagen deutliche Collagen Typ II- und Aggrekan-Level, die von der PCR-Signalstärke nach 21 Kultivierungstagen annähernd der Genexpression von Primärchondrozyten entsprachen, das bedeutet, dass die Zelldichte mit $\approx$ 46000 Zellen pro µl Volumen des gedruckten Gitters groß genug war, damit BMSCs unter chondrogenen Kulturbedingungen in Richtung Knorpelzellen ausreifen konnten.

Adipogene Differenzierung Für die *quantitative* und *qualitative* Untersuchung der adipogenen Differenzierung wurden humane Stammzellen (ASCs) aus dem Fettgewebe eingesetzt. Die adipogenen Marker Lipoprotein Lipase (LPL), adipocyte fatty acid-binding protein (aP2) und Peroxisom-Proliferator-aktivierte Rezeptor (gamma-Isoform 2) (PPAR-γ2) wurden an gedruckten und nicht gedruckten ASCs (mittels RT-PCR und direkten Färbungen) untersucht, die für 21 Tage unter adipogenen Differenzierungsbedingungen kultiviert wurden.
Die Ergebnisse der PCR in Abbildung 6.16A nach 3, 7 und 21 Tagen bestätigen, dass die gedruckten ASCs in Richtung Fett differenzieren und vergleichbare PCR-Signalstärken, wie die nicht gedruckten ASCs (Control) aufweisen. Auch eine Oil-Red-O Färbung (vgl. Abb. 6.16B), die sehr spezifisch Lipide[26] anfärbt und die über eine Absorptionsmessung nachgewiesene Lipid Akkumulation nach 7 und 21 Tagen ($p\geq0{,}14$; $n=5$) (vgl. vgl. Abb. 6.16C) bestätigt, dass es keinen Unterschied zwischen dem Differenzierungsverhalten von gedruckten und nicht gedruckten ASCs gibt. Somit können auch bei der adipogenen Differenzierung, wie bereits bei der osteogenen und chondrogenen Differenzierung, Schädigungen bzw. negative Beeinträchtigungen der Stammzellen durch den laserbasierten Druckprozess ausgeschlossen werden.
Bei der qualitativen Untersuchung von ASCs (vgl. Abb 6.16D), die direkt im 3D Gitter über einen Zeitraum von 10 Tagen adipogen differenziert wurden, zeichnet sich deutlich die Genexpression der adipogenen Marker LPL, aP2 und PPAR-γ2 ab, was durch die Oil-Red-O Färbung der Lipid-Ansammlungen (rote Färbung) in dem 3D Gitters bestätigt werden konnte. Dies beweist, dass die Stammzellen im 3D Gitter in Richtung Fettzellen ausreifen.

3D Gewebedruck vordifferenzierter Stammzellen

Innerhalb eines natürlichen Gewebes und in einer Stammzellnische kommen die Stammzellen in unterschiedlichen Differenzierungsstadien, als undifferenzierte sowie differenzierte Zellen unterschiedlicher Stadien und voll ausgereift, vor.

[26] Fette

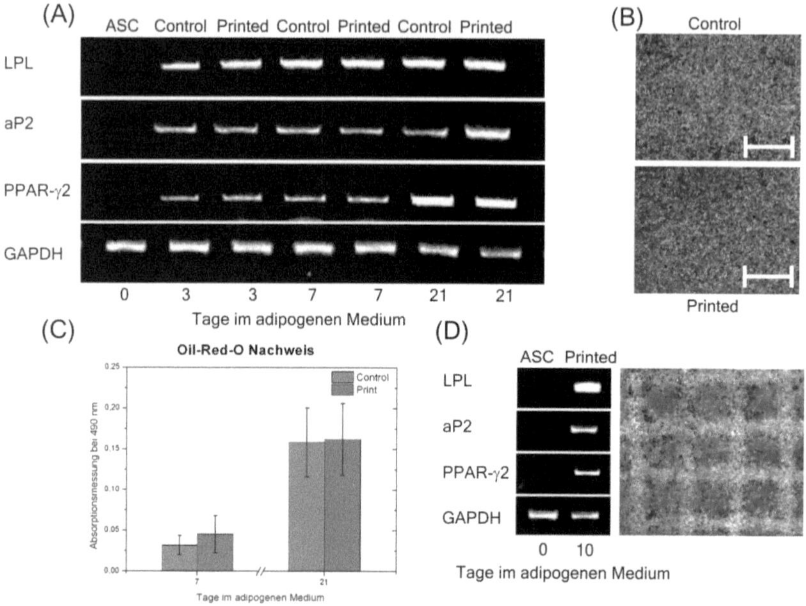

Abbildung 6.16: (A) Expressionsnachweis von adipogenen Markern (LPL, aP2 und PPAR-γ2) mittels RT-PCR von gedruckten (printed) und nicht gedruckten (Control) ASCs, die für 21 Tage unter adipogenen Bedingungen kultiviert wurden, im Vergleich zu unstimulierten ASCs (ASC). (B) Nachweis von Lipidvakuolen mittels Oil-Red-O Färbung von gedruckten (Printed) und nicht gedruckten (Control) ASCs, die für 21 Tage unter adipogenen Bedingungen kultiviert wurden. (C) Nachweis der Akkumulation von Lipiden mittels Oil-Red-O-Färbung und Absorptionsmessung bei 490 nm von gedruckten (Printed) und nicht-gedruckten (Control) ASCs, die für 21 Tage unter adipogenen Bedingungen kultiviert wurden. Werte werden als mean±s.e.m angegeben (n=5). (D) Genexpression von LPL, aP2 und PPAR-γ2 mittels RT-PCR von ASCs (Printed), die in die Gittergeometrie gedruckt und für 10 Tage im Gitter kultiviert wurden, im Vergleich zu unstimulierten ASCs (ASC). GAPDH wurde bei (A) und (D) als interne Expressionskontrolle mit ausgewertet. Größenbalken bei (B) 500 μm und bei (D) 1000 μm

Um den unterschiedlichen Differenzierungstadien Rechnung zu tragen und um zu zeigen, ob es möglich, ist vordifferenzierte Stammzellen schädigungsfrei zu drucken, wurden im Folgenden Stammzellen für 7 Tage osteogen (BMSCs) und adipogen (ASCs) differenziert. Nach 7 Tagen wurde die Differenzierung der Stammzellen unterbrochen und die Zellen wurden gesammelt. Danach wurden die vordifferenzierten Stammzellen in eine 3D Schachfeld- (osteogen vordifferenzierte BMSCs) oder 3D Gittergeometrie (adipogen vordifferenzierte ASCs) gedruckt und die Differenzierung wurde in dem 3D Konstrukt fortgeführt. Bei der 3D Schachfeldgeometrie in Abbildung 6.17 sind nach 17 Tagen unter osteogenen Bedingungen deutlich die Kalziumablagerungen der BMSCs (dunkle Felder in Abbildung 6.17A1 linkes Bild) sichtbar. Diese beschränken sich zudem hauptsächlich auf die gedruckten Schachfelder und somit auf den Bereich mit der höchsten Zelldichte. Interessanterweise sind sowohl die Zellkerne (blaue Färbung, Mitte von Abb. 6.17A1) als auch die Zellmembran (rote Färbung, links in

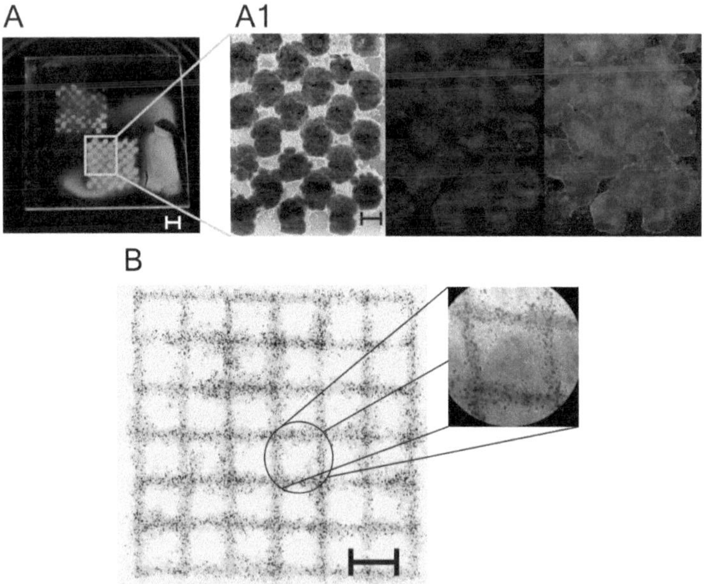

Abbildung 6.17: (A) Aufnahme zweier 3D Schachfelder aus BMSCs, die vor dem Druck für 7 Tage unter osteogenen Differenzierungsbedingungen kultiviert wurden und nach dem Druck in der 3D Struktur für 17 Tage unter osteogenen Bedingungen weiterkultiviert wurden. (A1) Mikroskopaufnahme eines Schachfeldausschnittes (links), Fluoreszenzaufnahme der Zellkerne mit Hoechst 33342 gefärbt (blaue Färbung, Mitte), und Fluoreszenzaufnahme der Zellmembranen mit DIL gefärbt (rote Färbung, rechts). (B) Aufnahme vordifferenzierter ASCs, die in eine 3D Geometrie gedruckt wurden. Lipid-Nachweis über Oil-Red-O Färbung (rote Färbung, Ausschnitt). Größenbalken bei (A) 2000 µm, bei (A1) 800 µm und bei (B) 1000 µm.

Abb. 6.17A1) über den gesamten Bereich (auch in den nicht gedruckten Feldern) sichtbar, was dafür spricht, dass die Stammzellen trotz des gesamten Prozessablaufes, wie der Vordifferenzierung, des Laserdrucks und der anschließenden osteogenen Ausreifung, nicht geschädigt wurden und ihr Differenzierungspotential und Proliferationsverhalten sich nicht verändert haben.
Auch bei den adipogen vordifferenzierten ASCs, die in eine Gittergeometrie (vgl. Abb. 6.17B) gedruckt wurden, lässt sich anhand der Lipid-Ansammlung (Oil-Red-O Färbung, Ausschnitt von Abb. 6.17B) nachweisen, dass die adipogen differenzierten Stammzellen weiterhin die Eigenschaften von Fettzellen aufweisen.
Somit ist es möglich, Stammzellnischen und vollständige Gewebe mit unterschiedlichen Differenzierungsstadien aus Stammzellen drucktechnisch zu erzeugen und für spätere *in-vitro-* und *in-vivo-*Untersuchungen zu nutzen.

6.3.2 3D multizellulärer Gewebedruck

Eine der großen Herausforderungen der regenerativen Medizin und des Tissue Engineering ist die Herstellung von autologem Gewebeersatz, welcher die Struktur, Charakteristik und Funktionalität von natürlichem Gewebe aufweist. Natürliches Gewebe besteht aus einer Vielzahl unterschiedlicher Zelltypen, die mit ihrer direkten Umgebung (EZM) und anderen Zelltypen spezifische zwischenzelluläre Verbindungen ausbilden, die sogenannten „adherens junctions" und „gap junctions", welche die Funktionalität des Gewebes bestimmen. Hierbei sind die „adherens junctions" maßgeblich für die Morphogenese[27] und den Zusammenhalt von natürlichem Gewebe verantwortlich [139]. Die „gap junctions" sind die interzellulären Kommunikationskanäle, über die chemische Signale zwischen Zellen ausgetauscht werden und die eine fundamentale Rolle bei der Differenzierung, dem Zellverhalten und dem Zellüberleben spielen [126, 140]. Inwiefern diese Zellverbindungen ausgebildet werden, hängt stark davon ab, wie die Verteilung und Dichte unterschiedlicher Zelltypen in ihrer 3D Umgebung ist.
Da man mit derzeitige biologische Methoden kaum in der Lage ist, z.B. über Scaffold- oder Hydrogelkulturen die komplexe Struktur von natürlichen Gewebe zu kopieren, wurde im Zuge dieser Arbeit ein 3D Modell bestehend aus mehrerer Zelltypen drucktechnisch hergestellt, das als 3D Gewebemodell *in vitro* die Untersuchung von Gewebeentwicklungsprozessen und Zell-Zell- sowie Zell-Matrix-Interaktionen ermöglicht.
Als Gewebemodell wurde in diesem Zusammenhang aus folgenden Gründen das System Haut gewählt:

1. Haut besteht stark vereinfacht aus zwei Gewebelagen bzw. -schichten, der Epidermis (obere Schutzschicht) und der Dermis (untere Schicht). Dieser Schichtaufbau kann mit geringen Aufwand über den Druckprozess realisiert werden.

2. Der zelluläre Aufbau der Epidermis und Dermis besteht stark vereinfacht aus zwei miteinander interagierenden Zelltypen, den Keratinozyten (Epidermis) und den Fibroblasten (Dermis).

3. Beide Zelltypen sind als etablierte und charakterisierte Zelllinien verfügbar, die bereits für unterschiedliche Hautmodelle in anderen Studien [141, 142] eingesetzt wurden.

4. Die EZM der Epidermis und Dermis besteht hauptsächlich aus Collagen Typ I, was als Primärsolkomponente für den laserbasierten Druckprozess eingesetzt werden kann.

Für die Herstellung des 3D Gewebemodells wurde deshalb ein Zweischichtmodell entworfen und gedruckt, dessen untere Schicht Fibroblasten und dessen obere Schicht Keratinozyten, beide eingebettet in einer Collagen Typ I-Matrix, enthielt. Dieses gedruckte Zweischichtsystem kopiert in einfachster Form die Zellverteilung und Zellumgebung der Epidermis und Dermis natürlicher Haut. Die anschließenden biologischen Nachweise der Gewebebildung erfolgten nach verschiedenen Kultivierungszeiträumen über die histologische und immunohistologischen Aufarbeitung der gedruckten 3D Konstrukte sowie über den Nachweis von Zell-Zell-Verbindungen („Adherens junctions" und „gap junctions"), die die Grundlage der Gewebebildung sind. Die Herstellungsmethode des 3D Gewebemodells und die biologische Nachweisführung wird in folgenden Kapiteln vorgestellt.

[27] Gewebeentwicklung

Drucktechnische Umsetzung

Die Herstellung der 3D Gewebemodelle erfolgte mit zwei unterschiedlichen Primärsolen. Als Proof-of-Concept Studie für den Erstellungsprozess einer beliebigen Anzahl von Schichten definierter Höhe diente ein 2%iges Alginat-EDTA-Bluplasma-Sol und für alle Zelluntersuchungen am Zweischichtmodell (Epidermis und Dermis) wurde ein Collagen Typ I-Sol mit folgender Zusammensetzungen (Prozentualler Anteil des Gesamtvolumen) genutzt:
66,5% Collagen Typ I mit einer Konzentration von 3 mg/ml, 10% eines 10 x DMEM/Ham´s F12-Mediums, 1% einer 7,5%igen Natriumhydrogencarbonat-Lösung (Kurzform: $NaHCO_3$) und 22,5% eines 1 x DMEM/Ham´s F12-Mediums.
Die drucktechnische Umsetzung erfolgte analog zu der in Kapitel 6.3.1 beschriebenen Methode und bestand aus drei grundsätzlichen Schritten, die im Folgenden anhand der Proof-of-Concept Studie mit dem Alginat-EDTA-Blutplasma verdeutlicht werden.

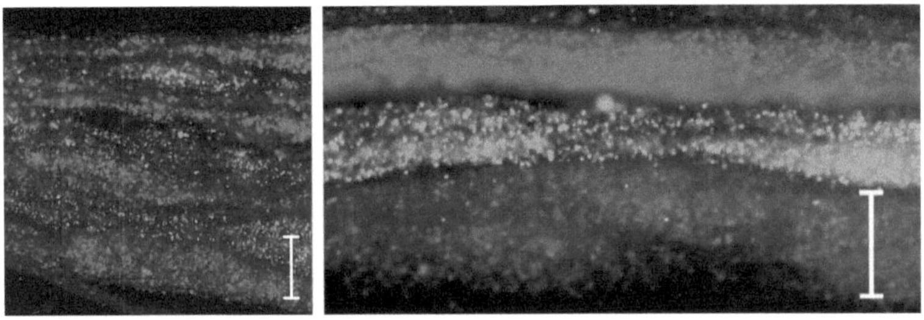

Abbildung 6.18: Histologischer Schnitt durch ein gedrucktes 3D Mehrschichtsystem (links orginal; rechts Ausschnitt), bestehend aus sieben alternierenden Zellschichten. Jede Einzelfarbschicht besteht aus vier gedruckten Schichten gefärbter Keratinozyten. Die Gesamtstruktur hat eine Höhe von 2 mm bei einer Grundfläche von 10 x 10 mm^2. Die Größenbalken entsprechen 500 µm.

Als erster Schritt wird die 90 µm Sol-Dämpfungschicht (1%iges Alginat-EDTA Blutplasma-Sol) auf den *Kollektor* gerakelt, mit einer 0,1 M Kalziumchlorid-Lösung ($CaCl_2$) eingesprüht und für 5 Minuten in der $CaCl_2$-Lösung bei Raumtemperatur belassen. Nach der Hydrogelausbildung wird der noch feuchte *Kollektor* im Druckaufbau angebracht.
Im zweiten Schritt werden 1,5*10^6 Zellen (gefärbte Keratinozyten) in 45 µl eines 2%igen Alginat-EDTA-Blutplasma-Sols resuspendiert, auf dem *Donor* in einer 65 µm hohen Schicht aufgerakelt und in dem Druckaufbau planparallel zu dem beschichteten *Kollektor* angebracht. Der *Donor-Kollektor*-Abstand beträgt für alle Druckexperimente 500 µm. Danach werden die Keratinotzyten ingesamt viermal übereinander in eine Rechteckgeometrie von 10 x 10 mm^2 auf den *Kollektor* gedruckt und im dritten Schritt mit 0,1M $CaCl_2$-Lösung eingesprüht, was zu der Vernetzung des Alginat-EDTA-Blutplasma-Sols führt. Nach der 5-minütigen Gelierung des ersten Zelllayers, bestehend aus vier gedruckten Rechteckgeometrien, werden der zweite und dritte Schritt mit dem nächsten Zelltyp (Keratinozyten) wiederholt. Dieser Schichtaufbau kann beliebig oft wiederholt werden und führt je nach Schichtanzahl zu unterschiedlich hohen 3D Gewebemodellen.
Für die Proof-of-Concept Studie wurden Keratinozyten vor dem Druckprozess von der Abteilung für Experimentale Hämatologie der Medizinischen Hochschule Hannover entweder mit grünen oder roten Fluoreszenzproteinen mittels viraler Transfektion [143, 144] markiert.

Danach werden die unterschiedlich markierten Keratinozyten viermal je Farbschicht übereinander gedruckt (35 µJ Laserpulsenergie), was bei sieben Farbschichten zu einer Gesamtanzahl von 28 gedruckten Einzelschichten führt. Nach dem Druckprozess wurde das 3D Mehrschichtkonstrukt für 18 Stunden kultiviert und dann histologisch aufgearbeitet. In Abbildung 6.18 ist eine Fluoreszenzaufnahme des Mehrschichtkonstruktes sowie ein Ausschnitt dreier Zellfarbschichten dargestellt. Das Schichtsystem hat eine Höhe von insgesamt $\sim$ 2 mm bei einer Grundfläche von 10 x 10 mm^2, woraus eine Einzelschichthöhe je farblich markierter Zellschicht von $\sim$ 300 µm folgt. Durch die vollständige Hydrogelausbildung (dritter Schritt) der Einzelzellschichten (grün und rot markiert) kommt es zu keiner Zellvermischung zwischen den Einzelschichten, wodurch sie sich klar voneinander abheben. Diese Studie dient ausschließlich als Proof-of-Concept, da derartig hohe Zellkonstrukte unter statischen Kultivierungsbedingungen[28] unterversorgt werden und über die Zeit die innen liegenden Zellen absterben würden.

Für alle nachfolgenden Untersuchungen, die sich mit dem Nachweis der Gewebebildung befassen, wurde ein Zweischichtsystem gewählt, da es dem System Haut bestehend aus Epidermis und Dermis am nächsten kommt. Außerdem wurde statt des Alginat-EDTA-Blutplasma-Sols das beschriebene Collagen-Sol verwendet, da die EZM der Epidermis und der Dermis hauptsächlich aus Collagen Typ I bestehen. Die drucktechnische Umsetzung läuft analog zu der Proof-of-Concept Studie ab, mit dem Unterschied, dass statt der 90 µm hohen Alginat-EDTA-Blutplasma Hydrogelschicht auf dem *Kollektor* ein Matriderm™-Scaffold zum Einsatz kommt, auf dem zuerst 20 Schichten Fibroblasten und nach der Hydrogelausbildung der Collagenmatrix bei 37 °C 20 Schichten Keratinozyten gedruckt und anschließend *in vitro* kultiviert werden. Der Matriderm™-Scaffold wird in dieser Versuchsreihe verwendet, um das spätere operative Einnähen der gedruckten Zweischichtsysteme für Tierversuche zu gewährleisten. Es werden für die Versuche $1{,}5\text{x}10^6$ Fibroblasten oder Keratinozyten in 45 µl Collagen-Sol resuspendiert, in einer 65 µm hohen Zell-Sol-Schicht auf dem *Donor* aufgerackelt und die Laserpulsenergie wird auf 60 µJ eingestellt.

Charakterisierung der zweischichtigen Gewebekonstrukte

Die biologische Untersuchung der Gewebebildung des Zweischichtmodells erfolgte über den Nachweis der zellulären Verbindungen mittels histologischer und immunohistologischer Nachweise an Kryostatschnitten (vgl. Kapitel 6.3.1) für die „adherens junction“ und am lebenden Gewebemodell mittels der „scrape loading“-Methode [145] für die „gap-junctions“.

Da der gesamte Gewebeentstehungsprozess bzw. die Funktionalität von Gewebe durch die ausgebildeten Zell-Zell-Verbindungen bestimmt wird, lassen sich über den Nachweis der Verbindungen Rückschlüsse darauf ziehen, inwieweit das gedruckte Zweischichtmodel natürlicher Haut entspricht. Hierbei bestehen die „adherens junctions“ maßgeblich aus „calcium-dependent adherent proteins“, den sogenannten Cadherinen. Sie verbinden im natürlichen Gewebe das Zytoskelett von Zellen mechanisch mit benachbarten Zell-Zytoskeletten und sorgen dadurch für die mechanische Stabilität des Gewebes [146]. Die Zellverbindung über Cadherine bildet sich nicht gleichmässig stark bei allen Zelltypen aus, da Gewebe unterschiedliche mechanische Stabilitäten bzw. Elastizitäten aufweisen können. Bei dem System Haut bildet die Epidermis, die aus Keratinozyten besteht, z.B. stärkere „adherens junctions“ aus

[28] Versorgung erfolgt ausschließlich über Diffusion

als die Dermis, welche aus Fibroblasten besteht, da sie die Barriere gegen äussere Einflüsse darstellt und die darunterliegende Dermis schützt. Insofern wird man bei Fluoreszenzaufnahmen von pan-cadherin[29]-gefärbten natürlichen Hautschnitten stärkere Fluoreszenzsignale bei der Epidermis im Vergleich zur Dermis erhalten [146].

„Gap junctions" stellen im natürlichen Gewebe die Kommunikationskanäle zwischen Zellen dar. Über sie werden Stoffwechselprodukte, Hormone, elektrische und chemische Signale transportiert, welche die Funktionalität des Gewebes bestimmen [147]. Ein „gap junction"-Kanal besteht aus zwei Halbkanälen. Die Halbkanäle setzen sich aus sechs Proteinen den Connexinen zusammen, die das Zytoplasma zweier Zellen verbindet. Dadurch werden die Membranen mehrerer Zellen über diese Transportkanäle miteinander verbunden. Nachgewiesen werden können die gewebespezifischen „gap junctions" über Luzifer Yellow (Kurzform: LY) einen Farbstoff, der durch die „gap junctions" diffundiert. Bei Hautgewebe bestehen die Verbindungen fast ausschließlich aus Connexin-43 (Kurzform: CX-43). Hierfür wurde die sogenannte „scrape loading"-Methode eingesetzt. Bei dieser Methode wird das gedruckte Gewebekonstrukt mit einer Klinge angeritzt und mit LY angefärbt. Luzifer Yellow kann über die zerstörten Zellmembranen durch die „gap junction"-Kanäle diffundieren. Durch die Diffussionsreichweite von LY über verbundene Nachbarzellen kann nachgewiesen werden ob und wie weit sich „gap junctions" ausgebildet haben und ihre Transportfunktion erfüllen. Zusätzlich wurden die CX-43 noch an Kryoschnitten mittels indirekter Färbung nachgewiesen, womit die „gap junctions"-Ausbildung auch in 3D dargestellt werden kann.

Neben den gewebetypischen Verbindungsmarkern Cadherin und Connexin wurde die Verteilung der Fibroblasten und Keratinozyten innerhalb des Gewebemodells sowie die Vitalität des gesamten Gewebemodells untersucht. Die Untersuchung der Zellverteilung erfolgte über die indirekte Färbung von Keratin an histologischen Schnitten mittels des Zytokeratin-14-Antikörpers, da Keratin ein Zytoskelettprotein ist und ausschließlich in Keratinozyten, nicht aber in Fibroblasten nachweisbar ist.

Für die Vitalität der Gewebemodelle nach 10 Kultivierungstagen wurde das Ki-67 Antigen immunohistologisch nachgewiesen. Ki-67 ist ein Proliferationsmarker und wird von allen Zellen exprimiert, die sich in einem aktiven Zellzyklus[30] befinden, alle anderen wie ruhende oder apoptotische[31] Zellen weisen Ki-67 nicht auf.

Detailliertere Information über den methodischen Ablauf der „scrape loading"-Methode, den Immunofluoreszenzfärbungen, der Erzeugung von Kryostatschnitten und der viralen Tansfektion finden sich in [148].

Zellverteilungs- und Vitalitätsnachweise Für die Ermittlung der Zellverteilung und der Vitalität innerhalb des gedruckten Zweischichtmodells, bestehend aus dem Matriderm™-Scaffold und den in Collagen eingebetteten 20 Schichten Fibroblasten sowie 20 Schichten Keratinozyten, wurden die gedruckten Konstrukte für 10 Tage *in vitro* kultiviert. Nach 10 Kultivierungstagen wurden die gedruckten 3D Konstrukte entnommen, gefroren und 10 µm dicke Kryoschnitte angefertigt. Anhand der Kryoschnitte wurde über eine Hämatoxylin- und Eosin-Färbung (HE-Färbung) die Gesamtverteilung aller Zellen auf dem Matriderm™-Scaffold nachgewiesen (vgl. Abb. 6.19A).

Bereits bei der HE-Färbung ist ersichtlich, dass die Keratinozyten in der oberen Schicht ei-

[29] indirekte Antikörperfärbung gegen Cadherine
[30] sind Zyklen, die der Zellteilung dienen
[31] Apoptose ist der programmierte Zelltod

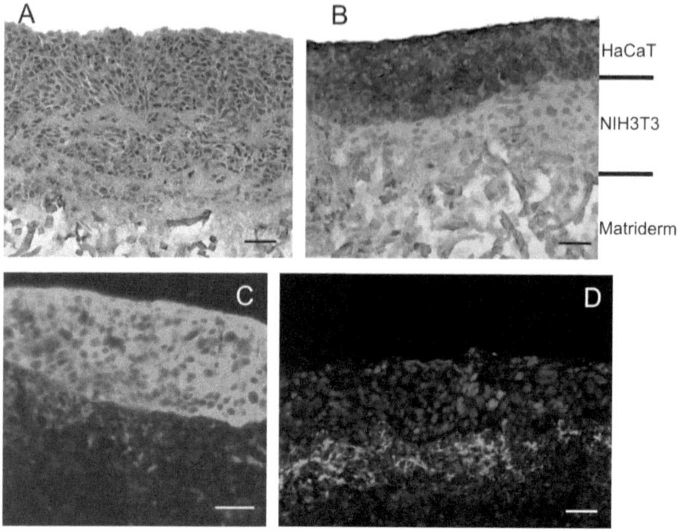

Abbildung 6.19: (A) Hämatoxylin und Eosin (HE) Färbung von Kryostatschnitten der gedruckten Zweischichtmodelle bestehend aus 20 Schichten Keratinozyten und 20 Schichten Fibroblasten auf einem Matriderm™-Scaffold. (B) Immunoperoxidase-Färbung von Zytokeratin-14 markiert alle Keratinozyten in rot-braun, alle Zellkerne (blaue Färbung) sind mit Hoechst 33342 gegengefärbt. (C) Nachweis der Separation der Fibroblasten- und Keratinozytenschichten mit einem zellspezifischen Fibroblastenmarker und Zytokeratin-14 (Keratinozyten), alle Zellkerne (blaue Färbung) sind mit Hämatoxylin gegengefärbt. (D) Proliferationsnachweis mittel Ki-67 Färbung (rote Färbung), Zellkerne sind in mit Hoechst 33342 in blau und Fibroblasten in grün gefärbt. Die Größenbalken entsprechen 50 µm für (A)-(D).

ne andere Morphologie und Dichte aufweisen als die Fibroblasten in der mittleren Schicht. Dieser Zusammenhang konnte mit der spezifischen Keratinozyten-Färbung über Zytokeratin-14 (rote-braune Färbung) in Abbildung 6.19B weiter verdeutlicht werden. Zusammen mit der blauen Zellkernfärbung (vgl. Abb. 6.19B) erkennt man, dass die Keratinozyten sehr dicht beisammenliegen und nicht in die darunterliegende Fibroblasten- oder die Matriderm™-Schicht migriert sind. Das gedruckte Zweischichtmodell hat also auch nach 10 Kultivierungstagen seine vordefinierte gedruckte Struktur beibehalten und es kam zu keiner signifikanten Vermischung der einzelnen Zellschichten. Auch die spezifische Anfärbung der Keratinozyten mit Zytokeratin-14 (grün) und der Fibroblasten mit einem Fibroblastenmarker (rot) in Verbindung mit einer unspezifischen Färbung aller Zellkerne (blau) in Abbildung 6.19C zeigt keine nennenswerte Vermischung der gedruckten Einzelschichten. Außerdem wachsen die Fibroblasten in den porösen Matriderm™-Scaffold ein, was an der Zellkernfärbung im unteren Teil von Abbildung 6.19C beobachtet werden kann. Für spätere Untersuchungen am Tiermodell kann die Verbindung der Fibroblastenschicht mit Matriderm™ sehr interessant sein, da der Matriderm™-Scaffold mechanisch stärker beansprucht werden kann als die gedruckten Zellschichten und sich dadurch das operative Einnähen des gedruckten Implantats wesentlich einfacher gestaltet.

Bereits die Zellverteilung, die Zellmigration und ihre Morphologie weisen darauf hin, dass die Zellen innerhalb des gedruckten Zweischichtmodells über die Kultivierungszeit von 10 Tagen vital und funktional geblieben sind, was in Abbildung 6.19D über den Proliferationsmarker Ki-67 (rote Färbung) noch bestätigt werden konnte. Neben den Zellverteilungs- und Vitalitätsnachweisen der gedruckten Gewebeäquivalente stellen die Funktionsnachweise über intra- und interzelluläre Verbindungen einen fundamentalen Aspekt für die Charakterisierung von natürlichen Gewebe dar, die anhand der „adherens junctions“ und „gap junctions“ im folgendem Kapitel nachgewiesen werden.

Nachweis der interzellulären Verbindungen Für die Morphogenese und den strukturellen Zusammenhalt von natürlichen Gewebe sind „adherens junction“ existentiell, da sie die Zytoskelette von Zellen untereinander und mit der EZM verbinden. Bei den „adherens junction“ sorgen Kalzium-abhängige transmembranäre Verbindungsproteine (Cadherine) für die Adhäsion der Zellen untereinander, die sich über eine Immunofärbung mit Pan-Cadherin nachweisen lassen. In Abbildung 6.20A ist die Pan-Cadherin-Färbung eines Zweischichtmodells nach 10 Kultivierungstagen dargestellt. Die Cadherine werden dadurch grün angefärbt und man erkennt insbesondere bei der Keratinozytenschicht (obere $\sim$ 150 µm dicke Schicht in Abb. 6.20A), dass sich dort im Vergleich zu der unteren Fibroblastenschicht sehr viele „adherens junctions“ ausgebildet haben. In Abbildung 6.20B wurden neben den Cadherinen auch noch die Zellkerne über eine Hoechst-33342 Färbung blau angefärbt und man erkennt, dass die Zellkerne in der Keratinozytenschicht sehr dicht nebeneinander liegen. Sowohl die Cadherinverteilung als auch die Zellkerndichte weisen darauf hin, dass das gedruckte Zweischichtmodell ähnliche Verbindungen und Zellverteilungen aufweist wie natürliche Haut.
Neben den strukturellen Verbindungen benötigt natürliches Gewebe auch interzelluläre Transportkanäle („gap junctions“), um Signale und Nährstoffe zwischen den Zellen austauschen zu können. In Abbildung 6.20C und D konnten die „gap junctions“ über eine Connexin-43-Färbung (grün) von Kryoschnitten deutlich nachgewiesen werden. Auch bei der „scrape loading“ Methode in Abbildung 6.20E-G sieht man anhand der grünen Färbung, dass der Farbstoff Luzifer Yellow über mehrere verbundene Zellen diffundiert ist. Die längste gemessene Diffussionsstrecke des Farbstoffes von der Schnittseite aus waren 10 Zellen, weshalb von funktionierenden „gap junctions“ ausgegangen werden kann.
Somit konnte gezeigt werden, dass ein gedrucktes Zweischichtmodell bereits nach 10 Kultivierungstagen Zell-Zell- und Zell-Matrix-Verbindungen ausbildet, die vergleichbar mit Verbindungen natürlicher Haut sind.
Aufgrund der Bedeutung von zellulären Verbindungen und der Tatsache, dass wenig über Zell-Zell-Interaktionen bekannt ist, wurde im Zuge dieser Arbeit eine Methode entwickelt, die es ermöglicht Interaktionen zwischen einer beliebigen Anzahl unterschiedlicher Zelltypen sowie Zellumgebungen zu untersuchen.

6.3.3 3D Zellarray zur Untersuchung multizellulärer Interaktionen

Die monozellulären und multizellulären Gewebemodelle aus den letzten Kapiteln haben gezeigt, wie wichtig die Kenntnis des Zellverhaltens auf externe Signale ist, um die Ausbildung von lebenden Geweben *in vitro* zu erzielen. Diese Signale sind vielfältig und können einen physikalischen, mechanischen, chemischen oder biologischen Hintergrund haben und sowohl durch die Interaktion unterschiedlicher Zellen als auch durch Stimuli aus der direkten

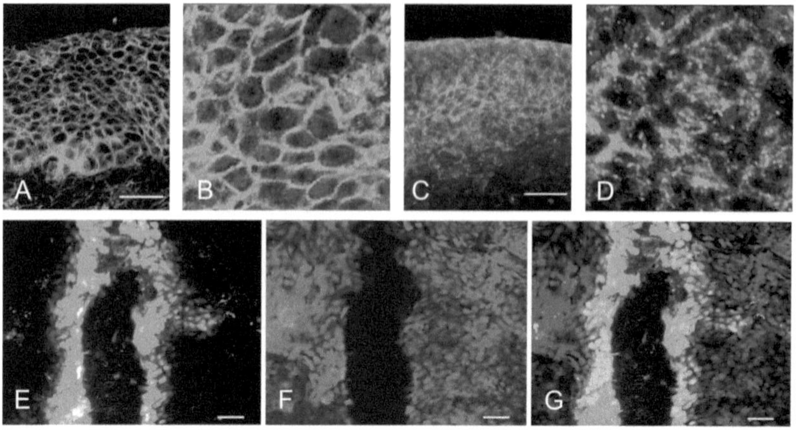

Abbildung 6.20: (A) Nachweis der „adherent junctions" über die Pan-Cadherin-Anfärbung des gewebespezifischen Markers Cadherin. (B) Ausschnitt der Pan-Cadherin angefärbten Cadherine mit blau eingefärbten Zellkernen (Hoechst 33342). (C) Vollbild und (D) Ausschnitt von dem Nachweis der „gap junctions" innerhalb des Zweischichtmodells über Connexin-43 Färbung (grüne Färbung) und blaue Anfärbung der Zellkerne (Hoechst 33342). (E)+(G) „gap junctions" Verbindungsnachweis mit Luzifer Yellow (grün) nach der „scrape loading"-Methode, (F)+(G) Keratinozyten wurden dem Fluoreszenzprotein mCherry transfiziert (rote Fluoreszenz). Die Größenbalken entsprechen 50 µm für (A)-(G).

Zellumgebung auftreten. Zudem ist es schwierig, die zellulären Antworten auf externe Signale zu untersuchen, da Zellreaktionen dynamisch und in Echtzeit erfolgen.
Methoden, die die Untersuchung von Zellreaktionen auf externe Stimuli ermöglichen, sind sogenannte Zell-Mikroarrays oder Zellarrays [149, 150]. Mit ihrer Hilfe kann das Verhalten der Zellen auf Pharmaka [151, 152], ECM-Proteine [153], Wachstumsfaktoren [154, 155] und Biomaterialien [156, 157] automatisiert dokumentiert werden. Allerdings basieren diese Zellarrays alle auf adhärenten[32] 2D Zellkulturen, wodurch es schwierig ist die gewonnenen Ergebnisse auf natürliche 3D Gewebe zu übertragen. Eine logische Weiterentwicklung sind deshalb Zellarrays, die die Zellreaktionen in einer 3D Hydrogelumgebung analysieren könnenn [158], jedoch ist es mittels dieser Methoden nicht möglich Zell-Zell-Interaktionen zu visualisieren, da die Zellen als Mono- oder Kokulturen im Hydrogel eingemischt sind und keine gesteuerte Verteilung in Relation zueinander aufweisen.
Im Zuge dieser Arbeit wurde deshalb eine Untersuchungsplattform entwickelt, die es erlaubt jedwede Zell-Zell- und Zell-Umgebungs-Interaktionen zu visualisieren. An diese Untersuchungsplattform wurde folgenden Kriterien gestellt:

1. Die Zellen müssen innerhalb einer 3D Umgebung frei und in Relation zu anderen Zelltypen gesteuert angeordnet werden können.

2. Beliebige Zell-Zell-Verhältnisse[33], Zellmengen und Zelltypen müssen innerhalb der 3D Umgebung realisierbar sein.

[32] anwachsenden
[33] Verhältnis einer Kokultur mehrerer Zelltypen

3. Die Hydrogelumgebung muss austauschbar sein, um auch unterschiedliche Zell-Umgebungs-Interaktionen dokumentieren zu können.

Die drucktechnische Umsetzung dieser Untersuchungsplattform, den sogenannten 3D Zellarrays, wird im nächsten Kapitel beschrieben. Als Proof-of-Concept wurde die Interaktion von primären Endothelzellen (ECs) und Fettgewebe-Stammzellen (ASCs) unter definierten *in-vitro*-Bedingungen analysiert. ECs und ASCs kamen für diese Studie zum Einsatz, da beide Zelltypen als potentielle Kandidaten für die Herstellung stabiler vaskularer Netzwerke[34] gelten und in aktuellen Publikationen anderer Gruppen [159, 160] die Vermutung aufgestellt wurde, dass direkte Zell-Zell-Interaktionen zwischen ECs und ASCs zu der Ausbildung von stabilen vaskulären Gefäßen führen. Diese zellulären Interaktionen, die mit Hilfe des 3D Zellarray erstmalig aufgenommen werden konnten, werden im Folgenden vorgestellt.

Drucktechnische Umsetzung

Die drucktechnische Umsetzung des 3D Zellarrays läßt sich wie in Abbildung 6.21 dargestellt in drei Ablaufschritte unterteilen:
Im ersten Schritt wird eine ~ 145 µm hohe Solschicht auf dem *Kollektor* aufgerakelt. Als Sol kam in der durchgeführten Versuchsreihe ein Hyaluronsäure-Fibrinogen-Gemisch, im Folgenden HA-Fibrinogen genannt, mit folgender Zusammensetzung (Angaben in Massenprozent) zum Einsatz:
33,3% einer neutralisierten (pH-Wert 7,4) 1%igen Hyaluronsäurelösung und 66,6% Fibrinogen mit einer Fibrinogenkonzentration von 13,3 mg/ml.
Die gerakelte Dämpfungsschicht auf dem *Kollektor* wurde dann mit einer Thrombin-Lösung (Zusammensetzung: 1 Teil Thrombin : 3 Teile TBS : 1 Teil $CaCl_2$) eingesprüht, was zur Hydrogelausbildung des Fibrinogens zu Fibrin führte. Nach der 5-minütigen Gelierung bei Raumtemperatur wurde der noch feuchte *Kollektor* im Druckaufbau angebracht.
Im zweiten Schritt wurden $2*10^6$ Zellen des ersten Zelltyps (ECs) in 45 µl des HA-Fibrinogen-Sols resuspendiert, auf dem *Donor* in einer 65 µm hohen Schicht aufgerakelt und in dem Druckaufbau mit einem Abstand von 500 µm zu dem *Kollektor* befestigt. Danach wurden Zell-Sol-Tropfen in ein 9 x 9 Spotarray mit einem festen Spot zu Spot Abstand von 800 µm gedruckt. Analog wurde mit dem zweiten Zelltyp (ASCs) verfahren, mit dem Unterschied, dass ein 8 x 8 Spotarray gedruckt wurde, welches innerhalb des ersten 9 x 9 Spotarrays liegt und einen relativen X/Y-Versatz von 400 µm zu diesem besitzt. Da sich an der feuchten Hydrogeloberfläche auf dem *Kollektor* noch unreagierte Thrombin-Vernetzerlösung befindet, härten die gedruckten Zell-Sol-Tropfen auf der Kollektoroberfläche direkt aus und bleiben so in Position.
Im dritten Schritt werden 100 µl des HA-Fibrinogen-Sols auf das fertige Zellarray aufgebracht und auf eine abschließende Höhe von ~ 290 µm gerakelt. Anschließend wird das komplette Zellarray noch mit Thrombin eingesprüht und für 30 min bei 37 °C in der Thrombinlösung zur vollständigen Aushärtung belassen.
Innerhalb des Zellarrays sind die Arraydimensionen, die Spotabstände und die Anzahl der eingesetzten Zelltypen frei wählbar. Sie wurden für die hier vorgestellte Studie willkürlich gewählt. Abgesehen von der Geometrievariation und den Spots, die aus einem Zelltyp bestehen, können auch zelluläre Kokulturen in beliebiger Zusammensetzung (Zell-Zell-Verhältnis) in einzelne Spots gedruckt werden, wie in Abbildung 6.22A gezeigt wird. Hierfür wurde die initial

[34] blutführende Gefäße

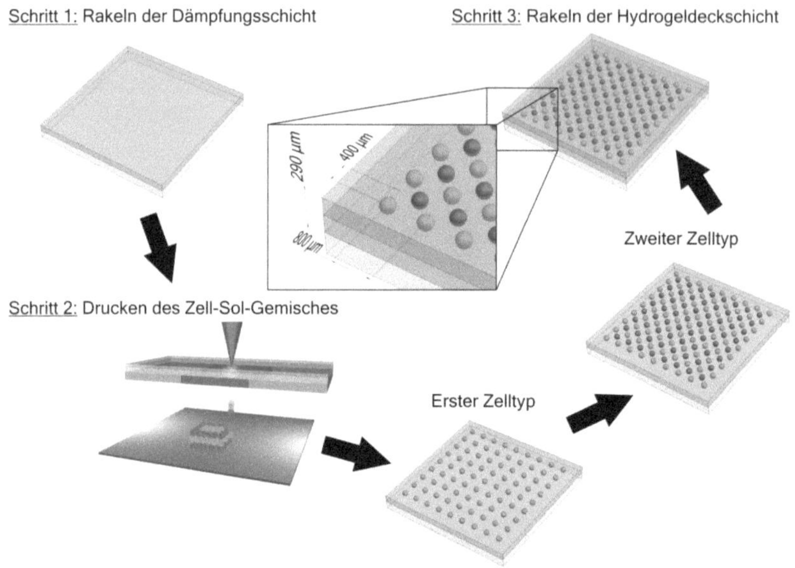

Abbildung 6.21: Schematische Darstellung des Herstellungsprozesses des 3D Zellarrays. Schritt 1: Aufbringung der Hydrogel-Dämpfungsschicht auf dem *Kollektor*; Schritt 2: Der erste (grün) und zweite (rot) Zelltyp wird mittels der laserbasierten Drucktechnik relativ zueinander in Spotarrays gedruckt; Schritt 3: Das Zellarray wird mit einer Hydrogeldeckschicht eingebettet.

eingesetzte Zellmenge von $2*10^6$ aus unterschiedlichen Verhältnissen, z.B. 1:1, 2:1, 4:1 und 8:1, zweier Zelltypen (ECs und ASCs) zusammengesetzt, welche danach zusammen in 45 µl des HA-Fibrinogen-Sols resuspendiert werden. Das Zellverhältnis der beiden Zelltypen im gedruckten Tropfen korrespondiert hierbei direkt mit dem initial eingemischten Zellverhältnis. Dadurch können auch Reaktionen von Zellen beobachtet werden, die von Anfang an eine fest definierte Anzahl eines anderen Zelltyps für Interaktionen benötigen.
Außerdem kann innerhalb des Zellarrays die Zellanzahl des Einzelspots sehr einfach dadurch variiert werden, dass eine feste Zellanzahl pro gedruckten Spot mehrfach (vgl. Abb. 6.22B) übereinander gedruckt wird, d.h. bei einer festen initialen Zellzahl von $2*10^6$ werden je Laserenergie die Zellzahlen pro gedruckten Tropfen ermittelt und danach die Arrays so oft übereinander gedruckt bis sich die gewünschte Zellzahl einstellt. Für alle hier beschriebenen Experimente wurden 52 ± 14 Zellen (mean $\pm$ S.D.) je Tropfen gedruckt und für jeden Spot des Arrays wurden drei Druckwiederholungen eingestellt, d.h. jeder Spot des Arrays (9 x 9 für ECs und 8 x 8 für ASCs) besteht aus 156 ± 42 Zellen (mean $\pm$ S.D.).
Die Verteilung der unterschiedlichen Zellspots innerhalb einer Ebene, eingebettet zwischen zwei Hydrogelschichten, hat den Vorteil, dass die Zellinteraktion automatisiert mit einem Mikroskop, z.B. in Zeitrafferaufnahmen oder ähnlichem, dokumentiert werden können, ohne die fokale Ebene zu verstellen. Allerdings sind auch echte 3D Freiform-Zellarrays durch die Wiederholung von Schritt 2 und 3 (vgl. Abb. 6.21) mit den in Abbildung 6.22 dargestellten Varia-

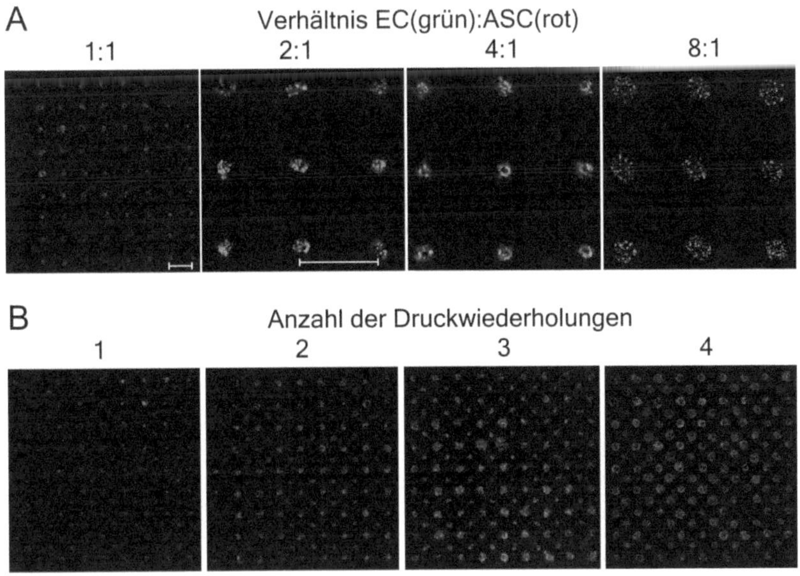

Abbildung 6.22: Fluoreszenzaufnahmen des Zellarrays mit (A) variierendem Zellverhältnis zwischen ECs (grün) und ASCs (rot) und (B) unterschiedlichen Zellmengen. Die Größenbalken entsprechen 800 µm.

tionen möglich. Um ein Beispiel für die Herstellung eines 3D Freiform-Zellarrays zu geben, wurden ASCs in rot (Tamra-5) und ECs in grün (Calcein-AM) vor dem Druckprozess angefärbt. Danach wurden wie in Abbildung 6.23 die beiden Zelltypen in verschiedene Zellarrays relativ zueinander in unterschiedlichen Schichthöhen gedruckt. Mittels eines Laser-Scanning-Mikroskops wurde ein Auschnitt des Gesamtarrays aufgenommen. Der Herstellung des 3D Freiform-Zellarrays lief dabei wie folgt ab:

Zuerst wurde eine ~ 145 µm hohe HA-Fibrinogen-Solschicht auf dem *Kollektor* aufgebracht. ECs wurden in einem 9 x 9 Spotarray mit 800 µm Spotabstand auf der ersten Schicht aufgedruckt und mit einer zweiten ~ 145 µm hohen HA-Fibrinogenschicht eingebettet. Auf die zweite Hydrogelschicht wurden ASCs in ein 8 x 8 Spotarray gedruckt, in dem die Einzelspots einen X/Y-Versatz von 400 µm relativ zu dem ersten Spotarray aufweisen. Das zweite Spotarray wurde daraufhin mit einer dritten Hydrogelschicht eingebettet. Abschließend wurden ECs in einem 8 x 8 Spotarray auf der dritten Hydrogelschicht aufgedruckt und mit einer vierten Hydrogelschicht eingebettet. Das dritte Spotarray weist einen X-Versatz von 400 µm relativ zu dem ersten Spotarray auf. Das Gesamtarray hat einen Höhe von ~ 580 µm bei einer Grundfläche von 6,4 x 6,4 mm^2. Durch den X/Y-Versatz der drei Spotarrays zueinander ist eine Dokumentation von Zellinteraktionen auch mit herkömmlicher Mikroskopie möglich. Für alle folgenden Untersuchungen wurde trotzdem aufgrund der genannten Vorteile die planare Zell-Spot-Verteilung innerhalb einer Ebene gewählt. Detailliertere Informationen über die Fibrinogen- und Hyaluronsäureaufbereitung finden sich in [123].

Mit Hilfe der planaren Zellarray-Plattform konnten erstmalig Interaktionen zwischen ECs und ASCs dokumentiert werden, was im folgenden Kapitel vorgestellt wird.

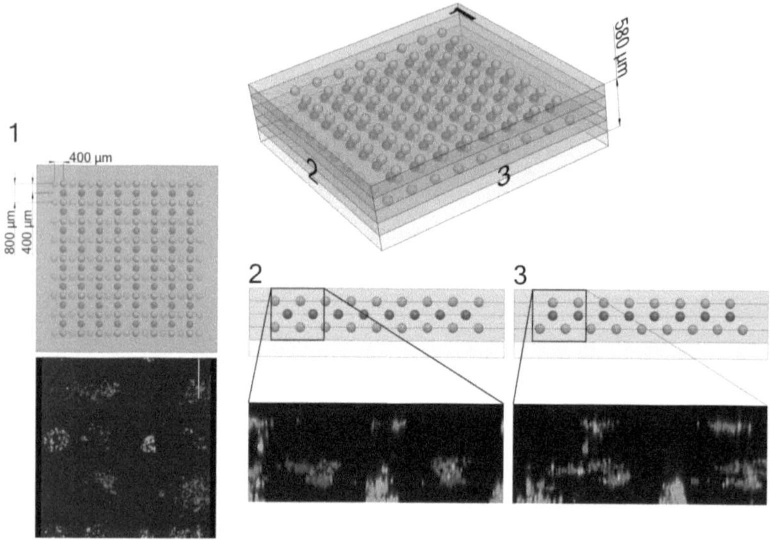

Abbildung 6.23: Dreidimensionale Rekonstruktion eines 3D Freiform Zellarrays mittels eines Laser-Scanning-Mikroskops und des korrespondierenden CAD-Modells des Zellarrays. ECs sind in grün und ASCs in rot angefärbt [123].

Visualisierung der Zell-Zell-Interaktionen

Für die Visualisierung der Interaktionen zwischen ECs und ASCs wurden 3D Zellarrays mit planarer Zellverteilung gedruckt. Zusätzlich wurden 3D Zellarrays, die ausschließlich aus ECs bzw. ASCs bestanden, hergestellt und als Kontrollgruppen unter identischen *in-vitro*-Bedingungen wie die multizellulären Arrays mit kultiviert.
Alle Zellarrays wurden unter VEGF[35]-freien Bedingungen über einen Zeitraum von zwei Wochen kultiviert und die Zellinteraktionen mittels Zeitrafferaufnahmen dokumentiert. Die Kultivierung fand unter VEGF-freien Bedingungen statt, da VEGF ein bekannter proliferations- und migrationsfördernder Wirkstoff für ECs ist [161] und die reinen Zell-Zell-Interaktionen verfälscht hätte. Für die Proof-of-Concept Studie der 3D Zellarray-Plattform wurden ECs und ASCs als Zelltypen sowie VEGF-freie Kulturbedingungen gewählt, um folgende Vermutungen zu bestätigt bzw. zu verwerfen:

1. Direkte Zell-Zell-Interaktionen und die Ausbildung von reziproken Signalverbindungen zwischen den ASCs und ECs werden zum Wachstum und zur Stabilisation vaskulärer Netzwerke führen.

[35]vascular endothelial growth factor

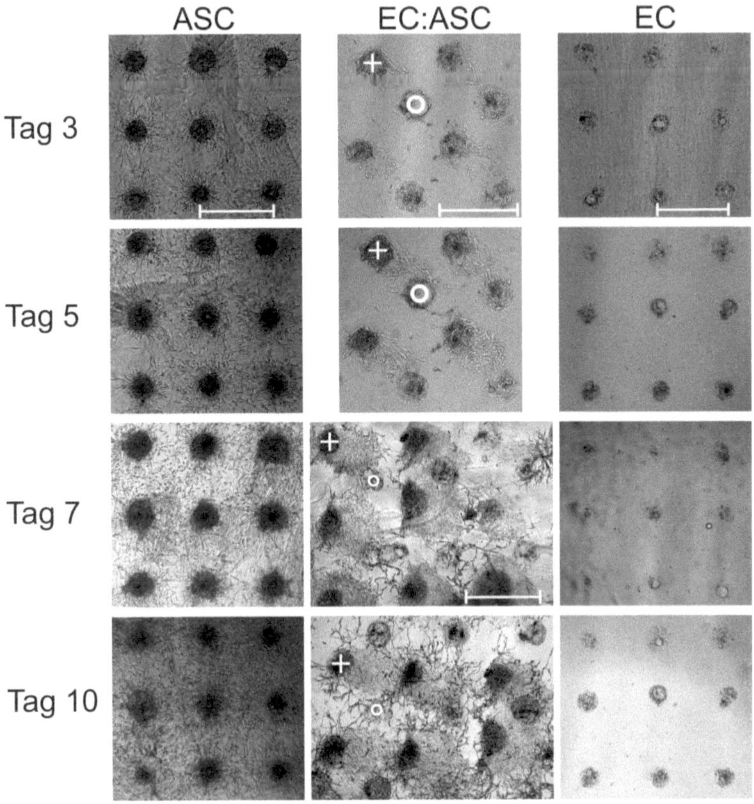

Abbildung 6.24: Visualisierung der Zell-Zell Interaktionen zwischen ECs und ASCs, im Vergleich zu Kontroll-Arrays der Einzelzelltypen, über einen Zeitraum von 10 Kultivierungstagen. ECs sind mit einem Kreis markiert und ASCs mit einem Kreuz. Die Größenbalken entsprechen 800 µm.

2. Die Bildung des Wachstumfaktors VEGF durch die ASCs, der bekannt für die Proliferations- und Migrationsförderung von ECs ist, wird zu einen Auswachsen der ECs entlang des VEGF-Gradientens in Richtung der ASCs führen.

Interessanterweise stellte sich die zweite Vermutung als falsch heraus. Wie in Abbildung 6.24 zu sehen ist, migrieren die ASCs (Kreuzmarkierung) auf direktem Wege zu den ECs (Kreismarkierung) und erste ASC-Ausläufer kontaktieren die ECs bereits nach 72 Stunden in Kultur. Im gleichen Zeitraum zeigen die Kontroll-Arrays bei den ECs keine nennenswerte Aktivität und bei den ASCs ungerichtetes Wachstum in alle Raumrichtungen. Nach dem ersten Zell-Zellkontakt bei ca. 72 Stunden beginnen die ECs vaskuläre Gefäßstrukturen auszubilden, die in Richtung der ASC-Spots auswachsen. Die vaskulären Gefäßstrukturen formen in der folgenden Kultivierungszeit (Tag 7 und Tag 10) große vaskuläre Netzwerke aus, die weder in der ASC-Kontrolle noch in der EC-Kontrolle beobachtet werden können und auch über einen zweiwöchigen Kultivierungszeitraum *in vitro* stabil bleiben (vgl. Abb. 6.25).

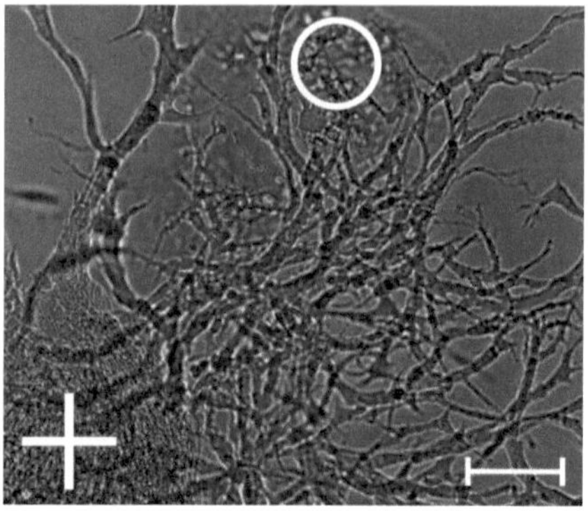

Abbildung 6.25: Mikroskopaufnahme eines stabilen vaskularen Netzwerks nach 14 Kultivierungstagen. ECs sind mit einem Kreis markiert und ASCs mit einem Kreuz. Die Größenbalken entsprechen 100 µm [123].

Der beobachtete Effekt, dass die ASCs in Richtung der ECs migrieren und für den ersten Kontakt verantwortlich sind, kann auf einen PDGF[36]-Gradienten zurückzuführen sein. Der Subtyp PDGF-BB wird in signifikanten Mengen von ECs exprimiert und ist bekannt für die Stimulation der Proliferation und Migration von ASCs [162]. Außerdem können PDGF-Effekte durch die Fibrin-Hydrogel-Umgebung des 3D Zellarrays vollständig ausgeschlossen werden, da das Fibrinogen aus Plättchen-freiem Blutplasma gewonnen wurde und dadurch kein PDGF bei der Fibrinogen-Gewinnung ausgeschüttet worden ist (vgl. Kapitel 2.2.1). Da in dieser Studie aber keine molekularen Effekte berücksichtig wurden, muss in nachfolgenden Studien die Auswirkung von Signalstoffen gezielter untersucht werden.

6.3.4 Diskussion

Die Herstellung von lebenden Zellkonstrukten, die den Aufbau von natürlichen Geweben und vollständigen Organen kopieren, ist ein Schwerpunktthema des Tissue Engineerings und der regenerativen Medizin. Allerdings ist wenig über die komplexe Interaktion von Zellen mit ihrer direkten Umgebung bekannt, welche die Funktionalität von natürlichen Geweben ausmachen. Es wird vermutet, dass Zell-Zell-Kommunikationsverbindungen eine besondere Rolle bei Geweberkrankungen spielen, da sie Zellverhalten, wie den Zell-Zyklus, die Zelldifferenziation und die Zellapoptose direkt steuern [163]. Außerdem werden elektrische Signale, Hormone und Stoffwechselprodukte über diese Kanäle ausgetauscht, was existentiell für die Bildung und Funktionalität von natürlichem Gewebe ist. Zusätzlich spielt die Bindung von Zellen zu ihrer Umgebung ein wichtige Rolle während der Gewebeneubildung und -regeneration [164–166], da hierüber intrazelluläre Bindungen aktiviert werden, die das Zellverhalten bestimmen [167, 168]. Dieser Bindungsvorgang zwischen EZM und Zellen reguliert das Überleben und

[36] „Platelet-derived growth factor“

Absterben von Zellen, der sogenannten Anoikis, und kann beobachtet werden, wenn die Verbindung von Zellen zu ihrer EZM getrennt wird [169, 170]. Diese Abnormalität bei Zell-EZM-Verbindungen hängt meistens auch mit pathologischen Gewebeveränderungen zusammen, wie beispielsweise bei der unkontrollierten Blutgerinnung und fehlerhafter Wundheilung oder bei der Ausbildung von bösartigen Tumoren [171, 172].
Deshalb ist es äußerst wichtig, *in-vitro*-Modelle herzustellen, die die verlässliche und vorhersehbare Charakterisierung von Zell-Zell- und Zell-Umgebungsverhalten ermöglichen und als biologische Untersuchungsplattform für Heilungsmethoden von Gewebe- oder Organerkrankungen dienen können. Außerdem müssen diese Modelle die natürliche dreidimensionale Verteilung von Zellen in ihrer Umgebung wiedergeben, da aktuelle Studien gezeigt haben, dass sich Zellverhalten in einer zweidimensionalen Umgebung signifikant von dem Verhalten in einer dreidimensionalen Umgebung unterscheidet [173]. Diese Modelle müssen zusätzlich noch als *in-vitro*-Modelle ausgelegt werden, da nur unter definierten Zellkulturbedingungen mechanische, chemische und biologische Signaleinflüsse auf das Verhalten von Zellen reproduzierbar untersucht werden können.
Mit derzeitigen scaffold-basierten Methoden sind derart komplexe Gewebe kaum realisierbar, weswegen die Entwicklung von Drucksystemen für lebende Zellen in den letzten 10 Jahren verstärkt vorangetrieben wurde. Im Zuge dieser Arbeit konnte erstmalig mit einem laserbasierten Drucksystem die Herstellung von lebenden komplexen dreidimensionalen Modellen gezeigt werden, die zukünftig als Basis für die Untersuchung von Zell-Zell- und Zell-Umgebungsverhalten sowie der Gewebeausbildung und des Gewebeverhaltens dienen können. So können die gedruckten Stammzellkonstrukte beispielsweise für die Untersuchung der Gewebeentstehung oder als Modelle für Stammzellnischen zum Einsatz kommen.
Gelenkknorpelgewebe besitzt im Vergleich zu anderen Geweben eine äußerste limitierte Selbstheilungsfähigkeit und auch mit aktuellen klinische Therapien, die sich mit der Wiederherstellung des geschädigten Knorpelgewebes befassen, wie z.B. das Pridie-Verfahren [174], kann Gelenkknorpel nur unzureichend wiederhergestellt werden. Dieses liegt zum großen Teil an dem komplexen heterogenen zonalen Aufbau von natürlichem Knorpelgewebe sowie der starken Variation der extrazellulären Matrix (EZM), dem Zellgefüge und der Zellinteraktion der einzelnen Gewebezonen sowie der problematischen Expansion von primären Knorpelzellen unter *in-vitro*-Bedingungen [13, 175]. Dieser zonale Aufbau kann durch derzeitige klinische Therapien, welche auf homogenen Zellgemischen oder der homogenen Besiedlung von Scaffolds aufbauen, nicht realisiert werden.
Für die Herstellung von Knorpelersatz, der sich bezüglich seines komplexen zonalen Aufbaus nicht von natürlichen Gelenkknorpel unterscheidet, können zukünftig Drucksysteme eingesetzt werden. Insbesondere das hier vorgestellte laserbasierte Drucksystem bietet, durch den schädigungsfreien Druck beliebig hoher Zelldichten einmalige Vorteile, was für die Herstellung von Knorpel ein wichtiges Kriterium ist. So konnte im Rahmen dieser Arbeit in [122] gezeigt werden, dass selbst bei den gedruckten 3D Stammzellgittern, die nicht unter chondrogenen Differenzierungsbedingungen kultiviert wurden, Aggrekan nachweisbar war, was ein chondrogener Marker ist. Hierbei wird vermutet, dass allein die hohe Zelldichte und mechanische Steifigkeit des Alginat-Hydrogels zu dem Differenzieren der eingebetteten Stammzellen führt. Auch wenn dieser Effekt noch weiter untersucht werden muss, bietet er doch die Möglichkeit, zusammen mit dem schichtweisen Drucken chondrogen vordifferenzierter Stammzellen unterschiedlich hoher Zelldichte, die zonale Organisation von natürlichem Gelenkknorpel zu kopieren. Derartige gedruckte Knorpelkonstrukte könnten dann im späteren Untersuchungen

über Bioreaktoren *in vitro* mechanisch stimuliert und analysiert werden oder direkt *in vivo* in Hinblick auf Knorpelersatztherapien untersucht werden.
Die Übermittlung des richtigen Signals in Raum und Zeit zu der richtigen Zelle ist essentiell für den funktionellen Einsatz von künstlich hergestellten Gewebeersatz. Aufgrund des Fehlens von adequaten *in-vitro*-Methoden wird hergestellter Gewebersatz üblicherweise am Tiermodell *in vivo* erprobt, um Aussagen über die Funktionalität bzw. das Zellverhalten im erzeugten Konstrukten treffen zu können. Derartige Tierversuche sind kostspielig und ethisch bedenklich, zudem sind die Ergebnisse derartiger Studien schwer zu ermitteln, da das erzeugte Konstrukt *in vivo* vielfältigen mechanischen, chemischen und biologischen Signale ausgesetzt ist, die das Zellverhalten maßgeblich beeinflussen werden. Außerdem können sich je nach verwendetem Tiermodell unterschiedliche Reaktionen einstellen, die sich kaum auf andere Spezies übertragen lassen [176].
Eine alternative Methode kann an dieser Stelle die hier vorgestellte 3D Zellarray-Plattform sein, womit sich die Reaktionen von Zellen hinsichtlich externer Signale in Echtzeit dokumentieren lassen. Außerdem kann auch die hier genutzte Hydrogelumgebung, welche aus Fibrin und Hyaluronsäure besteht, durch andere Hydrogele ersetzt werden, was im Rahmen dieser Arbeit und von anderen Arbeitsgruppen durch den Einsatz von z.B. Matrigel™ [57], Alginat-Blutplasma [122] und Gelatine [131] demonstriert werden konnte. Hierdurch erhält man eine biologische Plattform, die erstmalig die Echtzeit-Untersuchung von Zellverhalten hinsichtlich definierter externer Stimuli (aus der Umgebung und/oder von anderen Zellen) ermöglicht.

7 Zusammenfassung und Ausblick

Innerhalb der vorliegenden Arbeit ist es gelungen, ein laserbasiertes Drucksystem für lebende Zellen aufzubauen, mit dem sich dreidimensionale Freiform-Geometrien aus natürlichen Hydrogelen mit eingebetteten Zellen schichtweise erstellen lassen.
Der grundlegende Aufbau besteht aus einem ns-Laser und zwei Glasplättchen, dem *Donor* und dem *Kollektor*, die planparallel zueinander mit geringem Abstand ($\sim$ 500 µm) angeordnet sind. Der *Donor* ist mit einer 60 nm dicken Gold-Absorptionsschicht versehen und trägt die flüssige Schicht, in der sich die Zellen befinden. Für den Übertrag des Zellfluides wird ein geringer Bereich der Absorptionsschicht durch den einfallenden ns-Laserpuls verdampft, dadurch bildet sich eine Dampfblase aus, die die Zellfluidschicht lokal ausbeult und beschleunigt. Das Kollabieren der Dampfblase mündet in der Ausbildung eines Fluidjets, der das Zellfluid vom *Donor* zum *Kollektor* „fließen" lässt.
Diese Drucktechnik funktioniert düsenfrei, da das Zell-Fluid-Volumen direkt aus einer fluiden Schicht ausgetrieben wird. Dadurch werden allerdings auch an die Zell-Fluidschicht besondere Anforderungen hinsichtlich der Homogenität gestellt. Daher wurde ein motorisierter Rakel-Beschichtungsapparat entworfen und aufgebaut, der die Erstellung von homogenen Zell-Fluidschichten mit einer Schichtdicke von 30 µm bis 3000 µm mit einer Genauigkeit von $\pm$ 5 µm ermöglicht. Durch die reproduzierbar homogenen Zellschichten, die automatisiert hergestellt wurden, konnte im Vergleich zu gängigen manuellen Beschichtungsverfahren anderer Forschungsgruppen [64, 118] der Einfluss der Prozessparameter deutlich genauer bestimmt und die Reproduzierbarkeit des Druckergebnisses wesentlich verbessert werden.
Zu Beginn dieser Arbeit war über die Jetdynamik, auf der die Zellfluidübertragung basiert, wenig bekannt. Parameterstudien beschränkten sich üblicherweise auf die Vermessung der gedruckten Tropfen auf dem *Kollektor* nach dem Übertrag [117, 177]. Alternativ wurden Hochgeschwindigkeitskameras für die Dokumentation der Jetentstehung [178, 179] genutzt, die nur über eine geringe Auflösung verfügten. Um die Entstehung des Jets und die Einflüsse der Prozessparameter auf den Jet genauer dokumentieren zu können, wurde im Rahmen dieser Arbeit ein stroboskopischer Kameraaufbau mit einem ns-Laser als Beleuchtungsquelle und einer kommerziellen Spiegelreflexkamera realisiert. Hierfür wurde pro Druckprozess ein Bild zu einer bestimmten Zeit der Jetentstehung aufgenommen und der darauf folgende Druckprozess mit einem definierten zeitlichen Versatz zu dem ersten Bild dokumentiert. Durch die Genauigkeit und Homogenität der Zell-Fluid-Schicht gab es kaum Variationen zwischen den Einzelbildern, wodurch sich der gesamte Übertragungsprozess mit hoher zeitlicher ($\sim$ 10 ns Belichtung bei einem Jitter von < 1 ns) und räumlicher (12 MPixel Bild mit 0,9 µm pro Pixel[1]) Auflösung durch eine Abfolge mehrerer Bilder dokumentieren ließ. Anhand der zeitaufgelösten Bildfolgen der Jetübertragung konnte ein theoretisches Modell der Jetentstehung abgeleitet werden, mit dessen Hilfe auf die Fluidströmungen innerhalb des Jets geschlossen werden konnte. Die theoretischen Modelle verschiedener anderer Forschungsgruppen [62, 118], die sich ebenfalls mit dem Jetentstehungsprozess beschäftigt haben, nahmen vergleichbare

[1]Auflösung bei Verwendung eines 20fach-Objektives. Werte verändern sich je nach verwendetem Objektiv.

Fluidströme innerhalb des Jets an. Jedoch konnte erst im Rahmen dieser Arbeit der Bildbeweis für den vermuteten „Counter-Jet“ erbracht werden, auf dem sich alle Strömungsmodelle [62, 118] stützen.
Bei den Untersuchungen der Übertragungsvolumina konnten bisherige Abhängigkeitsstudien [62, 116, 119, 180] um einen weiteren Parameter, die Schichthöhe, erweitert werden. Es konnte gezeigt werden, dass neben der Viskosität auch die Schichthöhe einen nichtlinearen Einfluss auf das erzeugte Übertragungsvolumen besitzt. Da allerdings der Anstieg des Übertragungsvolumens mit steigender Laserpulsenergie in dem relevanten Bereich annähernd linear verläuft, lassen sich die Tropfenvolumina über die Viskosität und Höhe der Zell-Fluidschicht sowie die Laserpulsenergie in einem Bereich von 10 bis 7000 Pikoliter gezielt kontrollieren. Zusätzlich variieren die Tropfenvolumina bei wiederholten Druckprozessen mit $\sim$ 10%[2] nur sehr wenig, was ein weiterer Beweis für die Homogenität und Reproduzierbarkeit der Fluidschichten ist.
Im Zuge dieser Arbeit wurden fünf unterschiedliche Zelltypen, von standardisierten Zelllinien bis hin zu klinisch relevanten Humanstammzellen, gedruckt und auf mögliche Schädigung durch den laserbasierten Druckprozess untersucht. In keiner Untersuchung ließ sich ein Hinweis darauf finden, dass irgendein Zelltyp durch den Druckprozess geschädigt bzw. in seinem zellspezifischen Verhalten beeinträchtigt worden ist. Durch eine Vielzahl weiterer Zellstudien [58], die mit laserbasierten Drucktechniken durchgeführt wurden, konnte in den letzten Jahren bei 35 unterschiedlichen Zelltypen nachgewiesen werden, dass sie durch den Druckprozess in keiner Weise geschädigt worden sind. Hierzu leistete die vorliegende Arbeit ihren Beitrag.
Basierend auf dem erfolgreichen Nachweis, dass die verwendeten Zelltypen nicht durch den laserbasierten Druckprozess in ihrem natürlichen Zellverhalten beeinflusst wurden, konnten erstmalig lebende Freiform-Zellkonstrukte mittels dieser Drucktechnik realisiert werden. Insbesondere die Herstellung von 3D Stammzellkonstrukten mit beliebiger Zelldichte, die *in vitro* in unterschiedliche Geweberichtungen ausreifen können, ohne die gedruckte 3D Konstruktgeometrie zu verlieren, eröffnet eine Vielzahl neuer *in-vitro-* und *in-vivo*-Ansätze. So lassen sich beispielsweise Fettgewebestammzellen (ASCs) in ausreichender Anzahl minimalinvasiv[3] vom Patienten gewinnen, die im Folgenden *in vitro* expandiert und danach in eine Geweberichtung, wie z.B. Knorpel, differenziert werden können. Nachdem die ASCs ausgereift sind, werden sie gesammelt, in Patienten-eigenem Fibrinogen resuspendiert und in eine 3D Struktur gedruckt, die die Geometrie des Gewebedefektes aufweist. Die Hoffnung, die sich mit diesem Ansatz verbindet, ist erstens, dass es zu keiner Abstoßungsreaktion des gedruckten Implantates kommt, da ausschließlich Materialien und lebende Zellen des Patienten zum Einsatz kommen. Zweitens hofft man, dass das gedruckte Implantat durch die Imitierung der Zellverteilung und des Zellgefüges in kurzer Zeit mit dem gesunden Gewebe verwächst und dadurch die Funktionalität des Gewebes vollständig wiederhergestellt werden kann. Dieser Ansatz soll in einem beantragten DFG-Projekt zusammen mit der Tierärztlichen Hochschule Hannover und dem Helmholtz Institut in Aachen für die Rekonstruktion von natürlichem funktionalem Gelenkknorpel am Kaninchen-Tiermodell erprobt werden.
Im Hinblick auf den klinischen Einsatz gedruckter Implantate lieferten erste vorläufige Studien des Zweischicht-Hautmodells am Kleintier (Maus) bereits äußerst viel versprechende Ergebnisse. Die gedruckten Implantate wurden sehr gut vom den Versuchstieren angenommen, sie zeigten geringe Wundheilungsreaktionen und in der abschließenden histologischen Aufberei-

[2]Ermittlung des Tropfenvolumen bei 27,5 μJ, 2% und 66 μm: 816,34 $\pm$ 84,02 Pikoliter (MEAN $\pm$ SD)
[3]chirurgischer Eingriff mit minimalem Gewebetrauma

tung konnte demonstriert werden, dass sich ein Gewebegefüge ausgebildet hat, das ähnlich zu dem natürlicher Haut war.

Entwicklungsprozesse und regenerative Mechanismen von natürlichem Gewebe basieren auf molekularen Signalen, direkten Zell-Zell- und Zell-EZM[4]-Verbindungen. Über sogenannte Zellarrays [150] ließen sich in den letzten Jahren bereits Zellreaktionen in Hinblick auf molekulare Signale [151, 154], EZM-Proteine [153] und eine Kombination von beiden [156] automatisiert analysieren. Jedoch erlaubte keine dieser Array-Plattformen das Studium von Zell-Zell-Interaktionen, die elementar für die Gewebeentwicklung sind [163]. Diese Lücke konnte mit dem in dieser Arbeit vorgestellten 3D Zellarray geschlossen werden. Durch die Flexibilität dieser biologischen Plattform im Hinblick auf die Variation der Zelldichte, der Zell-Spot-Zusammensetzung, der Spotabstände und der Zellumgebung wird es zukünftig möglich sein die Zell-Zell- und Zell-Umgebungs-Interaktionen einer beliebigen Anzahl unterschiedlicher Zelltypen grundlegend zu untersuchen. Hiermit können z.B. pathologische Zustände und die Signale, die hierzu führen, entdeckt und medikamentös beseitigt werden. Der Grundstein für derartige *in-vitro*-Untersuchungen konnte durch die Visualisierung der Zell-Zell-Interaktionen zwischen ASCs und ECs[5] gelegt werden, die zur Ausbildung von stabilen vaskulären Gefäßstrukturen führten.

Die Bedeutung und der Einsatz von Drucksystemen im Bereich des Tissue Engineering wird in den nächsten Jahren noch deutlich stärker zunehmen [10, 37], da derzeitige TE-Herstellungstechniken zunehmend automatisiert werden. Die Automatisierung umfasst dabei nicht allein den reinen Herstellungsprozess des künstlichen Gewebes, sondern sämtliche Ablaufschritte von der Zellgewinnung aus Biopsien[6], der Aufbereitung und Vermehrung, der Herstellung des Gewebes bis hin zur eventuellen Ausreifung des erzeugten Gewebes. So konnte Anfang 2011 der erste Prototyp einer voll automatisierten „Haut-Fabrik“ vom Frauenhofer Institut für Grenzflächen und Bioverfahrentechnik in Stuttgart vorgestellt werden [181]. Die Hautäquivalente, die mit der „Haut-Fabrik“ erstellt werden, sind analog zu dem gedruckten Zweischichtmodell dieser Arbeit aufgebaut. Natürliche Haut hat einen wesentlich komplexeren Aufbau und besteht neben Fibroblasten und Keratinozyten z.B. aus Melanozyten, Schwannzellen, Haarfolikel-Zellen sowie Endothelzellen. Dieser Komplexitätsgrad kann theoretisch unproblematisch mittels der laserbasierten Drucktechnik realisiert werden, was zusammen mit dem Ansatz der „Haut-Fabrik“ ganz neue Anwendungsbereiche in der computergesteuerten Herstellung von lebenden Geweben und Organen eröffnet.

[4]extrazelluläre Matrix

[5]Endothelzellen

[6]Gewebentnahme vom Patienten

Literatur

[1] R.G. Harrison. »Observations on the living developing nerve fiber«. In: *The Anatomical Record* 1 (1907), S. 116–118.

[2] M.S. Steinberg. »Reconstruction of tissue by dissociated cells«. In: *Science* 141 (1963), S. 401–408.

[3] S. Eisenberg, S. Ben-Or und F. Doljanski. »Electro-kinetic properties of cells in growth processes«. In: *Experimental Cell Research* 26 (1962), S. 451–461.

[4] A. Moscona. »Rotation-Mediated Histogenetic Aggregation of Dissociated Cells«. In: *Experimental Cell Research* 22 (1961), S. 455–475.

[5] M.S. Steinberg. »On the Chemical Bonds between Animal Cells: A Mechanism for Type-Specific Association«. In: *The American Naturalist* 92 (1958), S. 65–81.

[6] I.V. Yannas, J.F. Burke, D.P. Orgill und E.M. Skrabut. »Wound tissue can utilize a polymeric template to synthesize a functional extension of skin«. In: *Science* 215 (1982), S. 174–176.

[7] D. Heimbach et al. »Artificial dermis for major burns: A multi-center randomized clinical trial«. In: *Annals of Surgery* 208 (1988), S. 313–320.

[8] R. Langer und J.P. Vacanti. »Tissue Engineering«. In: *Science* 260 (1993), S. 920–926.

[9] R.M. Nerem. »Tissue Engineering: The Hope, the Hype, and the Future«. In: *Tissue Engineering* 12(5) (2006), S. 1143–1150.

[10] V. Mironov et al. »Biofabrication: a 21st centurymanufacturing paradigm«. In: *Biofabrication* 1 (2009), S. 022001.

[11] T. Xu et al. »Viability and electrophysiology of neural cell structures generated by the inkjet printing method«. In: *Biomaterials* 27 (2006), S. 3580–3588.

[12] Julie Glowacki. »In vitro engineering of cartilage«. In: *Journal of Rehabilitation Research and Development* 37(2) (2000), S. 171–177.

[13] T.J. Klein, J. Malda, R.L. Sah und D.W. Hutmacher. »Tissue Engineering of Articular Cartilage with Biomimetic Zones«. In: *Tissue Engineering Part B: Reviews* 15 (2009), S. 143–157.

[14] L.G Griffith et al. »In Vitro Organogenesis of Liver Tissue«. In: *Annals of New York Academy of Sciences* 831 (1997), S. 382–397.

[15] D.J. Odde und M.J. Renn. »Laser-Guided Direct Writing of Living Cells«. In: *Biotechnology and Bioengineering* 67 (2000), S. 312–318.

[16] V. Mironov, N. Reis, D. Phil und B. Derby. »Bioprinting: A Beginning«. In: *Tissue Engineering* 12 (2006), S. 631–634.

[17] J.A.F. Plateau. *Statique experimentale et theorique des liquides soumis aux seules forces moleculaires.* (Gauthiers-Villars, Paris), 1873.

[18] J.R.S. Rayleigh. »On the instability of jets.« In: *Proceedings of the London Mathematical Society* 10 (1878), S. 4–13.

[19] G.D. Martin, S.D. Hoath und I.M. Hutchings. »Inkjet printing - physics of manipulating liquid jets and drops«. In: *Journal of Physics: Conference Series* 105 (2008), S. 012001.

[20] W.C. Wilson und T. Boland. »Cell and Organ Printing 1: Protein and Cell Printers«. In: *The Anatomical Record Part A* 272A (2003), S. 491–496.

[21] T. Okamoto, T. Suzuki und N. Yamamoto. »Microarray fabrication with covalent attachment of DNA using Bubble Jet technology«. In: *Nature Biotechnology* 18 (2000), S. 438–441.

[22] S.J. Lee, D.H. Kwon und Y.S. Choi. »Dynamics of entrained air bubbles inside a piezodriven inkjet printhead«. In: *Applied Physics Letters* 95 (2009), S. 221902.

[23] M. Nakamura et al. »Biocompatible Inkjet Printing Technique for Designed Seeding of Individual Living Cells«. In: *Tissue Engineering* 11 (2005), S. 1658–1666.

[24] A.V. Lemmo, D.J. Rose und T.C. Tisone. »Inkjet dispensing technology: applications in drug discovery«. In: *Current Opinion in Biotechnology* 9 (1998), S. 615–617.

[25] A. Roda, M. Guardigli, C. Russo, P. Pasini und M. Baraldini. »Protein microdeposition using a conventional ink-jet printer«. In: *Biotechniques* 28 (2000), S. 492–496.

[26] V. Mironov, T. Boland, T. Trusk, G. Forgacs und R.R. Markwald. »Organ printing: computer-aided jet-based 3D tissue engineering«. In: *Trends in Biotechnology* 21 (2003), S. 157–161.

[27] R.E. Saunders, J.E. Gough und B. Derby. »Delivery of human fibroblast cells by piezoelectric drop-on-demand inkjet printing«. In: *Biomaterials* 29 (2008), S. 193–203.

[28] M. Nakamura et al. »Ink Jet Three-Dimensional Digital Fabrication for Biological Tissue Manufacturing: Analysis of Alginate Microgel Beads Produced by InkJet Droplets for Three Dimensional Tissue Fabrication«. In: *Journal of Imaging Science and Technology* 52(6) (2008), S. 060201–6.

[29] Y. Nishiyama et al. »Development of a Three-Dimensional Bioprinter: Construction of Cell Supporting Structures Using Hydrogel and State-Of-The-Art Inkjet Technology«. In: *Journal of Biomechanical Engineering* 131 (2009), S. 035001–6.

[30] D. Varghese et al. »Advances in tissue engineering: Cell printing«. In: *The Journal of Thoracic and Cardiovascular Surgery* 129 (2005), S. 470–472.

[31] G. Vozzi, C. Flaim, A. Ahluwalia und S. Bhatia. »Fabrication of PLGA scaffolds using soft lithography and microsyringe deposition«. In: *Biomaterials* 24 (2003), S. 2533–2540.

[32] C.X.F. Lam, X.F. Mo, S.H. Teoh und D.W. Hutmacher. »Scaffold development using 3D printing with a starch-based polymer«. In: *Materials Science and Engineering C* 20 (2002), S. 49–56.

[33] S.J. Hollister. »Porous scaffold design for Tissue Engineering«. In: *Nature Materials* 4 (2005), S. 518–524.

[34] S. Khalil, J. Nam und W. Sun. »Multi-nozzle deposition for construction of 3D biopolymer tissue scaffolds«. In: *Rapid Prototyping Journal* 11 (2005), S. 9–17.

[35] K. Jakab, A. Neagu, V. Mironov, R.R. Markwald und G. Forgacs. »Engineering biological structures of prescribed shape using self-assembling multicellular systems«. In: *PNAS* 101 (2004), S. 2864–2869.

[36] M.G. Li, X.Y. Tian und X.B. Chen. »A brief review of dispensing-based rapid prototyping techniques in tissue scaffold fabrication: role of modeling on scaffold properties prediction«. In: *Biofabrication* 1 (2009), S. 1–10.

[37] B. Guillotin und F. Guillemot. »Cell patterning technologies for organotypic tissue fabrication«. In: *Trends in Biotechnology* (2011), in Press.

[38] C.M. Smith et al. »Three-dimensional bioassembly tool for generating viable tissue-engineered constructs«. In: *Tissue Engineering* 10 (2004), S. 1566–1576.

[39] A.D. Brisbane. *Pattern Deposit by Laser.* Patent 3,560,258. 1971.

[40] J. Bohandy, B.F. Kim und F.J. Adrian. »Metal deposition from a supported metal film using an excimer laser«. In: *Journal of Applied Physics* 60 (1986), S. 1538–1539.

[41] J. Bohandy, B.F. Kim, F.J. Adrian und A.N. Jette. »Metal deposition at 532nm using a laser transfer technique«. In: *Journal of Applied Physics* 63 (1987), S. 1158 –1162.

[42] V. Schultze und M. Wagner. »Laser-induced forward transfer of aluminum«. In: *Applied Surface Science* 52 (1991), S. 303–309.

[43] B.R. Ringeisen, B.J. Spargo und P.K. Wu. *Cell and Organ Printing.* (Springer Verlag, Heidelberg), 2010.

[44] W.A. Tolbert, I.Y.S. Lee, M.M. Doxtader, E.W. Ellis und D.D. Dlott. »High-speed color imaging by laser ablation transfer with a dynamic release layer: fundamental mechanism«. In: *The Journal of imaging science and technology* 37 (1993), S. 411–421.

[45] C.B. Arnold, P. Serra und A. Pique. »Laser Direct-Write Techniques for Printing of Complex Materials«. In: *Materials Research Society Bulletin* 32 (2007), S. 23–31.

[46] J.A. Barron, P. Wu, H.D. Ladouceur und B.R. Ringeisen. »Biological Laser Printing: A Novel Technique for Creating Heterogeneous 3-dimensional Cell Patterns«. In: *Biomedical Microdevices* 6.2 (2004), S. 139–147.

[47] A. Doraiswamy et al. »Excimer laser forward transfer of mammalian cells using a novel triazene absorbing layer«. In: *Applied Surface Science* 252 (2006), S. 4743–4747.

[48] D.B. Chrisey et al. »New approach to laser direct writing active and passive mesoscopic circuit elements«. In: *Applied Surface Science* 154-155 (2000), S. 593–600.

[49] D.B. Chrisey et al. »Direct writing of conformal mesoscopic electronic devices by MAPLE DW«. In: *Applied Surface Science* 168 (2000), S. 345–352.

[50] A. Piqué et al. »Laser-Induced Forward Transfer Direct-Write of Miniature Sensor and Microbattery Systems«. In: *LAMP Proceedings paper #1241* (2002).

[51] C. Zhang et al. »Laser direct-write and its application in low temperature Co-fired ceramic (LTCC) technology«. In: *Microelectronic Engineering* 70 (2003), S. 41–49.

[52] D.B. Chrisey. »MATERIALS PROCESSING: The Power of Direct Writing«. In: *Science* 289 (2000), S. 879–881.

[53] P.K. Wu et al. »The deposition, structure, pattern deposition, and activity of biomaterial thin-films by matrix-assisted pulsed-laser evaporation (MAPLE) and MAPLE direct write«. In: *Thin Solid Films* 398-399 (2001), S. 607–614.

[54] J.A. Barron, B.R. Ringeisen, H. Kim, B.J. Spargo und D.B. Chrisey. »Application of laser printing to mammalian cells«. In: *Thin Solid Films* 453-454 (2004), S. 383–387.

[55] B.R. Ringeisen et al. »Laser Printing of Pluripotent Embryonal Carcinoma Cells«. In: *Tissue Engineering* 10 (2004), S. 483–491.

[56] J.A. Barron, D.B. Krizman und B.R. Ringeisen. »Laser Printing of Single Cells: Statistical Analysis, Cell Viability, and Stress«. In: *Annals of Biomedical Engineering* 33 (2005), S. 121–130.

[57] N.R. Schiele et al. »Laser direct writing of combinatorial libraries of idealized cellular constructs: Biomedical applications«. In: *Applied Surface Science* 255 (2009), S. 5444–5447.

[58] N.R. Schiele et al. »Laser-based direct write techniques for cell printing«. In: *Biofabrication* 2 (2010), S. 032001.

[59] N.T. Kattamis, P.E. Purnick, R. Weiss und C.B. Arnold. »Thick film laser induced forward transfer of deposition of thermallyand mechanically sensitive materials«. In: *Applied Physics Letters* 91 (2007), S. 171120.

[60] N.T. Kattamis, N.D. McDaniel, S. Bernhard und C.B. Arnold. »Laser direct write printing of sensitive and robust light emitting organic molecules«. In: *Applied Physics Letters* 94 (2009), S. 103306.

[61] M.S. Brown, N.T. Kattamis und C.B. Arnold. »Time-resolved study of polyimide absorption layers for blister-actuated laser-induced forward transfer«. In: *Jounal of Applied Physics* 107 (2010), S. 083103.

[62] Y. Lin, Y. Huang und D.B. Chrisey. »Droplet formation in matrix-assisted pulsed-laser evaporation direct writing of glycerol-water solution«. In: *Journal of Applied Physics* 105 (2009), S. 093111.

[63] B. Hopp et al. »Survival and Proliferative Ability of Various Living Cell Types after Laser-Induced Forward Transfer«. In: *Tissue Engineering* 11 (2005), S. 1817–1823.

[64] B. Guillotin et al. »Laser assisted bioprinting of engineered tissue with high cell density and microscale organization«. In: *Biomaterials* 31 (2010), S. 7250–7256.

[65] B.R. Ringeisen, C.M. Othon, J.A. Barron, D. Young und B.J. Spargo. »Jet-based methods to print living cells«. In: *Biotechnology Journal* 1 (2006), S. 930–948.

[66] C.M. Othon, X. Wu, J.J. Anders und B.R. Ringeisen. »Single-cell printing to form three-dimensional lines of olfactory ensheathing cells«. In: *Biomedical Materials* 3 (2008), S. 034101.

[67] P.K. Wu und B. Ringeisen. »Development of human umbilical vein endothelial cell (HUVEC) and human umbilical vein smooth muscle cell (HUVSMC) branch/stem structures on hydrogel layers via biological laser printing (BioLP)«. In: *Biofabrication* 2 (2010), S. 014111.

[68] Walter B. Cannon. »Organization for physiological homeostasis«. In: *Physiological Reviews* 9(3) (1929), S. 399–431.

[69] A.S. Hoffman. »Hydrogels for biomedical applications«. In: *Advanced Drug Delivery Reviews* 43 (2002), S. 3–12.

[70] W.E. Hennink und C.F. van Nostrum. »Novel crosslinking methods to design hydrogels«. In: *Advanced Drug Delivery Reviews* 54 (2002), S. 13–36.

[71] K.Y. Lee und D.J. Mooney. »Hydrogels for Tissue Engineering«. In: *Chemical Rviews* 101 (2001), S. 1869–1879.

[72] N.E. Fedorovich et al. »Hydrogels as Extrecellular matrices for skeletal Tissue Engineering: State-of-the-Art and Novel Application in Organ Printing«. In: *Tissue Enginnering* 13(8) (2007), S. 1905–1925.

[73] H. Shin, S. Jo und A.G. Mikos. »Biomimetic materials for tissue engineering«. In: *Biomaterials* 24 (2003), S. 4353–4364.

[74] P. Karlson, D. Doenecke und J. Koolman. *Kurzes Lehrbuch der Biochemie für Mediziner und Naturwissenschaftler.* (Georg Thieme Verlag, Stuttgart), 1994.

[75] W.H. Kane und E.W. Davie. »Blood coagulation factors V and VIII: structural and functional similarities and their relationship to hemorrhagic and thrombotic disorders«. In: *Blood* 71 (1988), S. 539–555.

[76] P.A. McKee, P. Mattock und R.L. Hill. »Subunit Structure of Human Fibrinogen, Soluble Fibrin, and Cross-Linked Insoluble Fibrin«. In: *Proceedings of the National Academy of Sciences* 66(3) (1970), S. 738–744.

[77] S. Koch et al. »Fibrin-polylactide-based tissue-engineered vascular graft in the arterial circulation«. In: *Biomaterials* 31 (2010), S. 4731–4739.

[78] E. Koellensperger, D. von Heimburg, M. Markowicz und N. Pallua. »Human Serum from Platelet-Poor Plasma for the Culture of Primary Human Preadipocytes«. In: *Stem Cells* 24 (2006), S. 1218–1225.

[79] N.C. Hunt und L.M. Grover. »Cell encapsulation using biopolymer gels for regenerative medicine«. In: *Biotechnology Letters* 32 (2010), S. 733–742.

[80] X. Xiong. »New insights into Structure and Function of Type I Collagen«. Diss. Fakultät Energie-, Verfahrens- und Biotechnik der Universität Stuttgart, 2008.

[81] D.J. Prockop und K.I. Kivirikko. »Collagens: Molecular Biology, Diseases, and Potentials for Therapy«. In: *Annual Review of Biochemistry* 64 (1995), S. 403–434.

[82] M.L. Tanzer. »Cross-Linking of Collagen«. In: *Science* 180 (1973), S. 561–566.

[83] A. Sosnik und M.V. Sefton. »Semi-synthetic collagen/poloxamine matrices for tissue engineering«. In: *Biomaterials* 26 (2005), S. 7425–7435.

[84] E. Hesse et al. »Collagen Typ I hydrogel allows migration, proliferation, and osteogenic differentiation of rat bone marrow stromal cells«. In: *Journal of Biomedical Material Research Part A* 94(2) (2010), S. 442–449.

[85] G. Forgacs, S.A. Newman, B. Hinner, C.W. Maier und E. Sackmann. »Assembly of Collagen Matrices as a Phase Transition Revealed by Structural and Rheologic Studies«. In: *Biophysical Journal* 84 (2003), S. 1272–1280.

[86] A. Marburg. »Alginate und Carrageenane -Eigenschaften, Gewinnung und Anwendung in Schule und Hochschule«. Diss. Fachbereich Chemie der Philipps-Universität Marburg, 2003.

[87] H. Zimmermann, S.G. Shirley und U. Zimmermann. »Alginate-based Encapsulation of Cells: Past, Present, and Future«. In: *Current Diabetes Reports* 7 (2007), S. 314–320.

[88] K. Draget, O. Smidsrød und G. Skjåk-Bræk. »Alginates from Algae«. In: Biopolymers Online, Wiley-VCH Verlag GmbH & Co. KGaA, 2005.

[89] H. Kawarada, A. Hirai, H. Odani, T. Lida und A. Nakajima. »Structure characterization of alginate and conformational behaviors of various alkali-metal alginates in solution«. In: *Polymer Bulletin* 24 (1990), S. 551–557.

[90] E.R. Morris. »Molecular Interactions in Polysaccharide Gelation«. In: *British Polymer Journal* 18(1) (1985), S. 14–21.

[91] K.I. Draget, O. Gaserod, I. Aune und P.O. Andersen. »Effects of molecular weight and elastic segment flexibility on syneresis in Ca-alginate gels«. In: *Food Hydrocolloids* 15 (2001), S. 485–490.

[92] Ý.A. Mørch, I. Donati, B.L. Strand und G. Skjåk-Bræk. »Effect of Ca^{2+}, Ba^{2+}, and Sr^{2+} on Alginate Microbeads«. In: *Biomacromolecules* 7(5) (2006), S. 1471–1480.

[93] H. Zimmermann, D. Zimmermann und R. Reuss. »Towards a medically approved technology for alginate-based microcapsules allowing long-term immunoisolated transplantation«. In: *J Mater Sci Mater Med* 16 (2005), S. 491–501.

[94] J.Y. Lee und A.P. Spicer. »Hyaluronan: a multifunctional, megaDalton, stealth molecule«. In: *Current Opinion in Cell Biology* 12(5) (2000), S. 581–586.

[95] R. Stern, A.A. Asari und K.N. Sugahara. »Hyaluronan fragments: An information-rich system«. In: *European Journal of Cell Biology* 85 (2006), S. 699–715.

[96] T.C. Laurent und J.E. Fraser. »Hyaluron«. In: *FASEB Journal* 6 (1992), S. 2397–2404.

[97] S. Twarock. »Untersuchungen der Regulation des Hyaluronsäuresystems in Ösophaguskarzinomzellen«. Diss. Mathematisch-Naturwissenschaftliche Fakultät der Heinrich-Heine-Universität Düsseldorf, 2007.

[98] A.K. Sen. *Coated Textiles - Principles and Applications.* Technomic Publishing Company Inc., Lancaster, 2001.

[99] J.H. Spurk und N. Aksel. *Strömungslehre - Einführung in die Theorie der Strömungen.* Springer Verlag, Berlin Heidelberg New York, 2006.

[100] J. Ehlert und W.J. Bartz. »Der Einfluß von Druck und Temperatur auf die effektive Viskosität in geschmierten kontra-formen Kontakten«. In: *Rheologica Acta* 15 (1976), S. 356–364.

[101] H.J. Keck. *Untersuchung des Fließverhaltens von Zementleim anhand rheologischer Messung.* Shaker Verlag GmbH, Aachen, 2006.

[102] W.M. Kulicke. *Fließverhalten von Stoffen und Stoffgemischen.* Hülthig & Wepf Verlag, Heidelberg, 1986.

[103] R.B. Bird, W.E. Stewart und E.N. Lightfoot. *Transport Phenomena.* John Wiley & Sons Inc., New York, 2007.

[104] H. Kuhlmann. *Strömungsmechanik.* Pearson Education Deutschland GmbH, München, 2007.

[105] G. Adam, P. Läuger und G. Stark. *Physikalische Chemie und Biophysik.* Springer Verlag, Heidelberg, 2003.

[106] A.W. Neumann. »Contact Angles and Their Temperature Dependence: Thermodynamic Status, Measurement, Interpretation, and Application«. In: *Advances in Colloid and Interface Science* 4 (1974), S. 105–191.

[107] T. Brook, M. Groteklaes und P. Mischke. *Lehrbuch der Lacktechnologie.* Curt R Vincentz Verlag, Hannover, 1998.

[108] H. Fritz und G. Schulze. *Fertigungstechnik.* Springer Verlag, Heidelberg, 2010.

[109] H.J. Gevatter und U. Gruenhaupt. *Handbuch der Mess- und Automatisierungstechnik in der Produktion.* (Springer Verlag, Heidelberg), 2006.

[110] U. Kafader. *Auslegung von hochpräzisen Kleinstantrieben.* (Landenberg), 2006.

[111] C. Unger, M. Gruene, L. Koch, J. Koch und B.N. Chichkov. »Time-resolved imaging of hydrogel printing via laser-induced forward transfer«. In: *Applied Physics A: Materials Science & Processing* 103 (2011), S. 271–277.

[112] S. Amoruso, R. Bruzzese, N. Spinelli und R. Velotta. »Characterization of laser-ablation plasmas«. In: *Journal of Physics B: Atomic, Molecular and Optical Physics* 32 (1999), S. 131–172.

[113] J. Schou, S. Amoruso und J.G. Lunney. »Plume dynamics«. In: *Laser Ablation and its Applications.* Springer Science & Business Media, New York, 2007, S. 67–95.

[114] M. Gruene, C. Unger, L. Koch, A. Deiwick und B. Chichkov. »Dispensing pico to nanolitre of a natural hydrogel by laser-assisted bioprinting«. In: *Biomedical Engineering Online* 10:19 (2011).

[115] M.S. Brown, N.T. Kattamis und C.B. Arnold. »Time-resolved dynamics of laser-induced micro-jets from thin liquid films«. In: *Microfluid Nanofluid* 11(2) (2011), S. 199–207.

[116] P. Serra, M. Duocastella, J.M. Fernandez-Pradas und J.L. Morenza. »Liquids microprinting through laser-induced forward transfer«. In: *Applied Surface Science* 255 (2009), S. 5342–5345.

[117] B.R. Ringeisen et al. »Picoliter-Scale Protein Microarrays by Laser Direct Write«. In: *Biotechnology Progress* 18 (2002), S. 1126–1129.

[118] M. Duocastella, J. M. Fernandez-Pradas, J. L. Morenza und P. Serra. »Time-resolved imaging of the laser forward transfer of liquids«. In: *Journal of Applied Physics* 106 (2009), S. 084907.

[119] M. Duocastella, J.M. Fernandez-Pradas, J.L. Morenza und P. Serra. »Sessile droplet formation in the laser-induced forward transfer ofliquids: A time-resolved imaging study«. In: *Thin Solid Films* (2010), S. 1–22.

[120] M. Gruene et al. »Adipogenic differentiation of laser-printed 3D tissue grafts consisting of adipose-derived stem cells«. In: *Biofabrication* 3 (2011), 015005 (9pp).

[121] L. Koch et al. »Laser Printing of Skin Cells and Human Stem Cells«. In: *Tissue Engineering Part C: Methods* 16(5) (201), S. 847–854.

[122] M. Gruene et al. »Laser Printing of Stem Cells for Biofabrication of Scaffold-Free Autologous Grafts«. In: *Tissue Engineering Part C: Methods* 17(1) (2011), S. 79–87.

[123] M. Gruene et al. »Laser printing of 3-D multicellular arrays for studies of cell-cell- and cell-environment interactions«. In: *Tissue Engineering Part C: Methods* 17(10) (2011), S. 973–982.

[124] J.S. Park et al. »Differential effects of equiaxial and uniaxial strain on mesenchymal stem cells«. In: *Biotechnology and Bioengineering* 88(3) (2004), S. 359–368.

[125] T. Schaefer. *Statistik II.* (Springer Verlag, Heidelberg), 2011.

[126] S. Schlie, K. Mazur, W. Bintig und A. Ngezahayo. »Cell cycle dependent regulation of gap junction coupling and apoptosis in GFSHR17 granulosa cells«. In: *Journal Biomedical Science and Engineering* 3 (2010), S. 884–891.

[127] C.R.H. Kent, J.J. Eady, G.M. Ross und G.G. Steel. »The comet moment as a measure of DNA damage in the comet assay«. In: *International Journal of Radiation Biology* 67(6) (1995), S. 655–660.

[128] T. Xu, J. Jin, C. Gregory, J.J. Hickman und T. Boland. »Inkjet printing of viable mammalian cells«. In: *Biomaterials* 26 (2005), S. 93–99.

[129] P. Calvert. »Inkjet Printing for Materials and Devices«. In: *Chemical Material* 13 (2001), S. 3299–3305.

[130] B. Derby. »Bioprinting: inkjet printing proteins and hybrid cell-containing materials and structures«. In: *Journal of Materials Chemistry* 18 (2008), S. 5717–5721.

[131] N.A. Raof, N.R. Schiele, Y. Xie, D.B. Chrisey und D.T. Corr. »The maintenance of pluripotency following laser direct-write of mouse embryonic stem cells«. In: *Biomaterials* 32 (2011), S. 1802–1808.

[132] Y. Lin et al. »Effect of laser fluence on yeast cell viability in laser-assisted cell transfer«. In: *Journal of Applied Physics* 106 (2009), S. 043106.

[133] C.Y. Chen, J.A. Barron und B.R. Ringeisen. »Cell patterning without chemical surface modification: Cell–cell interactions between printed bovine aortic endothelial cells (BAEC) on a homogeneous cell-adherent hydrogel«. In: *Applied Surface Science* 252 (2006), S. 8641–8645.

[134] D.E. Discher, D.J. Mooney und P.W. Zandstra. »Growth factors, matrices, forces combine and control stem cells«. In: *Science* 324 (2009), S. 1673–1677.

[135] T.Y. Hui, K.M.C. Cheung, W.L. Cheung, D. Chan und B.P. Chan. »*In-vitro* chondrogenic differentiation of human mesenchymal stem cells in collagen microspheres: influence of cell seeding density and collagen concentration«. In: *Biomaterials* 29 (2008), S. 3201–3212.

[136] N. Jaiswal, S.E. Haynesworth, A.I. Caplan und S.P. Bruder. »Osteogenic differentiation of purified, culture-expanded human mesenchymal stem cells«. In: *Journal of Cellular Biochemistry* 64 (1997), S. 295–312.

[137] J.R. Mauney et al. »Mechanical Stimulation Promotes Osteogenic Differentiation of Human Bone Marrow Stromal Cells on 3-D Partially Demineralized Bone Scaffolds *in vitro*«. In: *Calcified Tissue International* 74(5) (2004), S. 458–468.

[138] S. Ghosh, M. Laha, S. Mandal, S. Sengupta und D.L. Kaplan. »In vitro model of mesenchymal condenstaion during chondrogenic development«. In: *Biomaterials* 30(33) (2009), S. 6530–6540.

[139] B.M. Gumbiner. »Cell adhesion: the molecular basis of tissue architecture and morphogenesis«. In: *Cell* 84 (1996), S. 345–357.

[140] D.J. Fitzgerald et al. »Expression and function of connexin in normal and transformed human keratinocytes in culture«. In: *Carcinogenesis* 15 (1994), S. 1859–1865.

[141] M. Delehedde et al. »Impact of Bcl-2 and Ha-ras on Keratinocytes in Organotypic Culture«. In: *Journal of Investigative Dermatology* 116 (2001), S. 366–373.

[142] R.L.H. Bigelow, E.Y. Jen, M. Delehedde, N.S. Chari und T.J. McDonnell. »Sonic hedgehog induces epidermal growth factor dependent matrix infiltration in HaCaT«. In: *Journal of Investigative Dermatology* 124 (2005), S. 457–465.

[143] A. Schambach et al. »Lentiviral vectors pseudotyped with murine ecotropic envelope: increased biosafety and convenience in preclinical research«. In: *Experimental Hematology* 34(5) (2006), S. 588–592.

[144] A. Schambach et al. »Overcoming promoter competition in packaging cells improves production of self-inactivating retroviral vectors«. In: *Gene therapy* 13(21) (2006), S. 1524–1533.

[145] D. Begandt, W. Bintig, K. Oberheide, s. Schlie und A. Ngezahayo. »Dipyridamole increases gap junction coupling in bovine GM-7373 aortic endothelial cells by a cAMP-protein kinase A dependent pathway«. In: *Journal of Bioenergetics and Biomembranes* 42 (2010), S. 79–84.

[146] C.M. Niessen. »Tight junctions/adherens junctions: basic structure and function«. In: *Journal of Investigative Dermatology* 127 (2007), S. 2525–2532.

[147] G. Mese, G. Richard und T.W. White. »Gap junctions: basic structure and function«. In: *Journal of Investigative Dermatology* 127 (2007), S. 2516–2524.

[148] L. Koch et al. »Skin tissue generation by laser cell printing«. In: *Biotechnology & Bioengineering* (2012), doi: 10.1002/bit.24455.

[149] T.G. Fernandes, M.M. Diogo, D.S. Clark, J.S. Dordick und J.M.S. Cabral. »High-Throughput cellular microarray platforms: applications in drug discovery, toxicology and stem cell research«. In: *Trends in Biotechnology* 27 (2009), S. 342–349.

[150] M.L. Yarmush und K.R. King. »Living-cell microarrays«. In: *Annual Review of Biomedical Engineering* 11 (2009), S. 235–257.

[151] A. Butte. »The use and analysis of microarray data«. In: *Nature Reviews: Drug Discovery* 1 (2002), S. 951–960.

[152] K. Bhadriraju und C.S. Chen. »Engineering cellular microenvironments to improve cell-based drug testing«. In: *Drug Discovery Today* 7 (2002), S. 612–620.

[153] C.J. Flaim, S. Chien und S.N. Bhatia. »An extracellular matrix microarray for proving cellular differentiation«. In: *Nature Methods* 2 (2005), S. 119–125.

[154] Y. Soen, A. Mori, T.D. Palmer und P.O. Brown. »Exploring the regulation of human neural precursor cell differentiation using arrays of signalling microenvironments«. In: *Molecular System Biology* 2 (2006), S. 37.

[155] C.N. Jones et al. »Cultivating liver cells on printed arrays of hepatocyte growth factor«. In: *Biomaterials* 30 (2009), S. 3733–3741.

[156] D.G. Anderson, S. Levenberg und R. Langer. »Nanoliterscale synthesis of arrayed biomaterials and application to human embryonic stem cells«. In: *Nature Biotechnology* 22 (2004), S. 863–866.

[157] D.G. Anderson, D. Putman, E.B. Lavik, T.A. Mahmood und R. Langer. »Biomaterials microarrays: rapid, microscale screening of polymer-cell interaction«. In: *Biomaterials* 26 (2005), S. 4892–4897.

[158] D.R. Albrecht, G.H. Underhill, T.B. Wassermann, R.L. Sah und S.N. Bathia. »Probing the role of multicellular organization in three-dimensional microenvironments«. In: *Nature Methods* 3 (2006), S. 369–375.

[159] F. Verseijden et al. »Adult human bone marrow- and adipose tissue-derived stromal cells support the formation of prevascular-like structures from endothelial cells *in vitro*«. In: *Tissue Engineering Part A* 16 (2010), S. 101–114.

[160] S. Merfeld-Clauss, N. Gollahalli, K.L. March und D.O. Traktuev. »Adipose tissue progenitor cells directly interact with endothelial cells to induce vascular network formation«. In: *Tissue Engineering Part A* 16 (2010), S. 2953–2966.

[161] N. Mirsky und Y. Cohen. »VEGF and ECGF induce directed migration of endothelial cells: qualitative and quantitative assay«. In: *Endothelium* 3 (1995), S. 13–20.

[162] M. Hellström, M. Kalén, P. Lindahl, A. Abramsson und C. Betsholtz. »Role of PDGF-B and PDGFR-β in recruitment of vascular smooth muscle cells and pericytes during embryonic blood vessel formation in mouse«. In: *Development* 126 (1999), S. 3047–3055.

[163] A. Ngezahayo, B. Altmann, M. Steffens und H.A. Kolb. »Gap junction coupling and apoptosis in GFSHR-17 granulosa cells«. In: *Journal of Membran Biology* 204 (2005), S. 137–144.

[164] S.F. El-Amin et al. »Extracellular matrix production by human osteoblasts cultured on biodegradable polymers applicable for tissue engineering«. In: *Biomaterials* 7 (2003), S. 1213–1221.

[165] H.M. Powell, D.A. Kniss und J.J. Lannutti. »Nanotopographic control of cytoskeletal organization«. In: *Lagmuir* 22 (2006), S. 5087–5094.

[166] J.Y. Lim et al. »The regulation of integrin-mediated osteoblast focal adhesion and focal adhesion kinase expression by nanoscale topography«. In: *Biomaterials* 28 (2007), S. 1787–1797.

[167] E.A. Clark und R.O. Hynes. »Ras activation is necessary for integrin-mediated activation of extracellular signal-regulated kinase 2 and cytosolic phospholipase A2 but not for cytoskeletal organization«. In: *Journal of Biological Chemistry* 271 (1996), S. 14814–14818.

[168] A.E. Aplin, A.K. Howe und R.L. Juliano. »Cell adhesion molecules, signal transduction and cell growth«. In: *Current opinion in cell biology* 11 (1999), S. 737–744.

[169] C. Bozzo, G. Bellomo, L. Silengo, G. Tarone und F. Altruda. »Soluble integrin ligands and growth factors independently rescue neuroblastoma cells from apoptosis under nonadherent conditions«. In: *Experimental Cell Research* 237 (1997), S. 326–337.

[170] E. Bonfoco, W. Chen, R. Paul, D.A. Cheresh und N.R. Cooper. »β_1-integrin antagonism on adherent, differentiated human neuroblastoma cells triggers an apoptotic signaling pathway«. In: *Neuroscience* 101 (2000), S. 1145–1152.

[171] A.J. Garcia. »Get a grip: integrins in cell-biomaterial interactions«. In: *Biomaterials* 26 (2005), S. 7525–7529.

[172] S. Hehlgans, M. Haase und N. Cordes. »Signaling via integrins: implications for cell survival and anticancer strategies«. In: *Biochimica et Biophysica Acta* 1775 (2007), S. 163–180.

[173] T. Ma, W.L. Grayson, M. Fröhlich und G. Vunjak-Novakovic. »Hypoxia and Stem Cell-Based Engineering of Mesenchymal Tissues«. In: *Biotechnology Progress* 25 (2009), S. 32–42.

[174] H.K.W. Kim, M.E. Moran und R.B. Salter. »The Potential for Regeneration of Articular Cartilage in defects Created by chondral Shaving and Subchondral Abrasion«. In: *Journal of Bone and Joint Surgery* 7 (1991), S. 1301–1315.

[175] B. Sharma et al. »Designing Zonal Organisation into Tissue-Engineered Cartilage«. In: *Tissue Engineering* 13 (2007), S. 405–414.

[176] D.A.W. Oortgiesen, G.J. Meijer, R.B.M. de Vries, X.F. Walboomers und J.A. Jansen. »Animal Models for evaluation of tissue engineering constructs«. In: *Tissue Engineering Part I* 1 (2011), S. 131–154.

[177] M. Colina, P. Serra, J.M. Fernandez-Pradas, L. Sevilla und J.L. Morenza. »DNA deposition through laser induced forward transfer«. In: *Biosensors and Bioelectronics* 20 (2005), S. 1638–1642.

[178] M. Duocastella, J.M. Fernandez-Pradas, P. Serra und J.L. Morenza. »Jet formation in the laser forward transfer of liquids«. In: *Applied Physics A Materials Science & Processing* 93 (2008), S. 453–456.

[179] D.Young, R.C.Y. Auyeung, A. Pique, D.B. Chrisey und D.D. Dlott. »Plume and Jetting regimes in a laser based forward transfer process as observed by time-resolved optical microscopy«. In: *Applied Surface Science* 197-198 (2002), S. 181–187.

[180] M. Colina, M. Duocastella, J. M. Fernandez-Pradas und P. Serraand J. L. Morenza. »Laser-induced forward transfer of liquids: Study of the droplet ejectionprocess«. In: *Journal of Applied Physics* 99 (2006), S. 084909.

[181] Frauenhofer IEB Stuttgart. *http://www.tissue-factory.com/en/Images/Fraunhofer_Tissue_Engeneering_2010_tcm404-51760.pdf*. 2011.

A Liste eigener Veröffentlichungen

M. Gruene, M. Pflaum, C. Hess, S. Diamantouros, S. Schlie, A. Deiwick, L. Koch, M. Wilhelmi, S. Jockenhoevel, A. Haverich und B. Chichkov. »Laser Printing of Three-Dimensional Multicellular Arrays for Studies of Cell-Cell and Cell-Environment Interactions«. In: *Tissue Engineering Part C: Methods* 17(10) (2011), S. 973-982.

S. Schlie, M. Gruene, H. Dittmar und B. Chichkov. »Dynamics of cell attachment: adhesion time and force«. In: *Tissue Engineering Part C: Methods*, ahead of print (2012), doi:10.1089/ten.tec.2011.0635.

L. Koch, A. Deiwick, S. Schlie, S. Kuhn, M. Gruene, V. Coger, D. Zychlinski, A. Schambach, K. Reimers, P.M. Vogt und B. Chichkov. »Skin tissue generation by laser cell printing«. In: *Biotechnology & Bioengineering*, ahead of print (2012), doi: 10.1002/bit.24455.

R. Gaebel, N. Ma, J. Liu, J. Guan, L. Koch, C. Klopsch, M. Gruene, A. Toelk, W. Wang, P. Mark, F. Wang, B. Chichkov, W. Li, G. Steinhoff. »Patterning human stem cells and endothelial cells with laser printing for cardiac regeneration«. In: *Biomaterials* 32(35) (2011), S.9218-9230.

M. Gruene, C. Unger, L. Koch, A. Deiwick und B. Chichkov. »Dispensing pico to nanolitre of a natural hydrogel by laser-assisted bioprinting«. In: *Biomedical Engineering Online* 10:19 (2011).

M. Gruene, M. Pflaum, A. Deiwick, L. Koch, S. Schlie, C. Unger, M. Wilhelmi, A. Haverich und B. Chichkov. »Adipogenic differentiation of laser-printed 3D tissue grafts consisting of human adipose-derived stem cells«. In: *Biofabrication* 3 (2011), 015005 (9pp).

C. Unger, M. Gruene, L. Koch, J. Koch und B. Chichkov. »Time-resolved imaging of hydrogel printing via laser-induced forward transfer«. In: *Applied Physics A: Material Science & Processing* 103 (2011), S. 271-277.

M. Gruene, A. Deiwick, L. Koch, S. Schlie, C. Unger, N. Hofmann, I. Bernemann, B. Glasmacher und B. Chichkov. »Laser Printing of stem Cells for Biofabrication of Scaffold-Free Autologous Grafts«. In: *Tissue Engineering Part C: Methods* 17(1) (2011), S. 79-87.

L. Koch, S. Kuhn, H. Sorg, M. Gruene, S. Schlie, R. Gaebel, B. Polchow, K. Reimers, S. Stoelting, N. Ma, P.M. Vogt, G. Steinhoff und B. Chichkov. »Laser Printing of Skin Cells and Human Stem Cells«. In: *Tissue Engineering Part C: Methods* 16(5) (2010), S. 847-854.

A. Ovsianikov, M. Gruene, M. Pflaum, L. Koch, F. Maiorana, M. Wilhelmi, A. Haverich und B. Chichkov. »Laser printing of cells into 3D scaffolds«. In: *Biofabrication* 2 (2010), 014104 (7pp).

L. Koch, M. Gruene, C. Unger und B. Chichkov. »Laser assisted Cell Printing«. In: *Current Pharmaceutical Biotechnology* -accepted- (2010).

Konferenzbeiträge und andere Veröffentlichungen

M. Pflaum, M. Gruene, C. Hess, S. Diamantouros, S. Schlie, A. Deiwick, L. Koch, M. Wilhelmi, S. Jockenhoevel, A. Haverich und B. Chichkov. »*Laser assisted Bioprinting for the generation of vascular-like structures*«. Annual meeting of European Society for Artificial Organs, 09. - 12. Oktober 2011, Porto, Portugal (2011).

L. Koch, M. Gruene, A. Deiwick, S. Schlie, B. Chichkov, M. Pflaum, C. Hess, M. Wilhelmi und A. Haverich. »*Laser printing of 3D multicellular arrays for cell-cell and cell-environment interaction studies*«. International Conference on Biofabrication, 06. - 08. Oktober 2011, Toyama, Japan (2011).

C. Unger, M. Gruene, L. Koch, A. Deiwick und B. Chichkov. »*Effect of hydrogel viscosity, layer thickness and laser energy on the resolution of Laser-assisted Bioprinting*«. European Materials Research Society Spring Meeting, 09. - 13. Mai 2011, Nizza, Frankreich (2011).

M. Wilhelmi, M. Pflaum, M. Gruene, A. Ovsianikov, B. Chichkov und A. Haverich. »*Laser printing of cells into 3D scaffolds*«. 128. Jahrestagung der deutschen Gesellschaft für Chirugie, 03. - 06. Mai 2011, München, Deutschland (2011).

L. Koch, M. Gruene, A. Deiwick, S. Schlie und B. Chichkov. »*Laser-basierte Herstellung und Zellbesiedlung von 3D-Scaffolds*«. Jahrestagung der Deutschen Gesellschaft für Biomaterialien, 18. - 20. November, Bad Heiligenstadt, Deutschland (2010).

M. Gruene, L. Koch, A. Deiwick, C. Unger, S. Schlie, M. Pflaum, M. Wilhelmi und B. Chichkov. »*Differentiation of Laser Printed Autologous 3D Human Stem Cell Grafts*«. International Conference on Biofabrication, 04. - 06. Oktober 2010, Philadelphia, USA (2010).

M. Pflaum, A. Ovsianikov, M. Gruene, L. Koch, F. Maiorana, M. Wilhelmi, A. Haverich und B. Chichkov. »*Laser printing of cells into 3D scaffolds*«. European Conference of Tissue Engineering & Regenerative Medicine (TERMIS-EU 2010), 13. - 17. Juni 2010, Galway, Ireland (2010).

C. Unger, M. Gruene, L. Koch, J. Koch und B. Chichkov. »Time-resolved imaging of hydrogel transport by laser-induced forward transfer (LIFT)« In: *Proceedings of LPM2010* (2010).

M. Gruene, A. Deiwick, L. Koch, S. Schlie, C. Unger und B. Chichkov. »*Laser assisted Cell Printing for biofabrication of tissue grafts*«. International Scientific Symposium „stem cells in biology and disease“, 26. - 28. Mai 2010, Lissabon, Portugal (2010).

M. Gruene, A. Deiwick, S. Schlie, L. Koch, N. Hofmann, B. Glasmacher und B. Chichkov. »*Laser printing of multi-cellular patterns with adjustable cell densities*«. Annual Meeting of the Society for Biomaterials, 21. - 24. April 2010, Seattle, USA (2010).

C. Unger, M. Gruene, L. Koch, J. Koch and B. Chichkov. »*Time-resolved imaging of hydrogel jets during laser-induced forward transfer*«. SPIE Photonics Europe, 12. - 16. April 2010, Brüssel, Belgien (2010).

S. Schlie, E. Fadeeva, A. Ovsianikov, L. Koch, M. Gruene, J. Koch, A. Ngezahayo und B. N. Chichkov. »*Biomedical applications of laser technologies*«. EGC Conference, 29.Juni - 02. Juli 2009, Berlin, Germany (2009).

M. Gruene, L. Koch, S. Schlie, B. Chichkov, S. Kuhn, K. Reimers, P.M. Vogt, H. Sorg, R. Gaebel und G. Steinhoff. »*Laser-induced forward transfer of skin cells and human mesenchymal stem cells - detailed quantitativ viability studies-*«. International Conference of Bioprinting and Biofabrication, 06. - 08. Juli 2009, Bordeaux, Frankreich (2009).

L. Koch, M. Gruene, C. Hess, N. Hofmann, I. Bernemann, A. Deiwick, B. Glasmacher, U. Martin und B. Chichkov. »Biological laser printing: generation of scaffold-free 3D cellular matrix constructs«. In: *Human Gene Therapy* 20(11) (2009), S. 1413.

L. Koch, M. Gruene, S. Schlie, S. Kuhn, K. Reimers, H. Sorg, R. Gaebel, G. Steinhoff, P. Vogt, B. Chichkov. »*Generation of 3D Cellular Matrix Constructs by Laser Printing*«. Annual meeting of European Society for Artificial Organs, 02. - 05. September 2009, Compiégne, Frankreich (2009).

H. Sorg, R. Gaebel, S. Kuhn, K. Reimers, L. Koch, M. Gruene, S. Schlie, N. Ma, B. Chichkov, G. Steinhoff und P.M. Vogt. »*Laser-induced forward transfer (LIFT) of skin cell lines and human mesenchymal stem cells: investigations of vitality, proliferation and cellular behaviour after LIFT*«. European Plastic Surgery Research Council (EPSRC), 25. - 28. August 2009, Hamburg, Germany (2009).

Lebenslauf

Persönliche Daten

Name	Martin Grüne
Anschrift	Redenstrasse 9, 30171 Hannover
Geburtsdatum, -ort	09.05.1977, Hildesheim
Staatsangehörigkeit	Deutsch

Ausbildung

1989 - 1997	Kaiser-Wilhelm-Gymnasium Hannover
1998 - 1999	Abendschule, Bezirksregierung Hannover Abschluss: Allgemeine Hochschulreife
1999 - 2007	Studium Maschinenbau an der Gottfried Wilhelm Leibniz Universität Hannover Abschluss: Diplom-Ingenieur (Dipl.-Ing.)

Berufliche Tätigkeit

1997 - 1998	Batterietrupp Logistikstab Panzerartillerielehrbataillon 95, Munster
1998 - 2007	Promotiontätigkeit und Schulungsleiter für digitale Kameras Olympus Deutschland GmbH, Hamburg Scheuermann W. & M. GmbH, Berlin
2004 - 2007	Studentische Hilfskraft zbm - Zentrum für Biomedizintechnik, Hannover Laser Zentrum Hannover e.V.
seit 2007	Wissenschaftlicher Mitarbeiter Abteilung Nanotechnologie, Laser Zentrum Hannover e.V.

Danksagung

Die vorliegende Arbeit entstand während meiner Tätigkeit als wissenschaftlicher Mitarbeiter am Laser Zentrum Hannover e.V. (LZH). Sie wurde durch den Sonderforschungsbereich TR37 und der Exzellenz-Initiative Rebirth der Deutschen Forschungsgemeinschaft gefördert und wäre ohne die tatkräftige Unterstützung folgender Menschen nicht möglich gewesen.

Danke für eure Hilfe und die schöne Zeit!

Herrn Prof. Dr.-Ing. Haferkamp gilt mein besonderer Dank für die Betreuung und Unterstützung dieser Arbeit sowie der Begleitung meines gesamten akademischen Lebensweges. Angefangen mit den interessanten Fallstudien in seiner Werkstoffkundevorlesung zu Beginn meines Studiums, der Möglichkeit als studentische Hilfskraft am Zentrum für Biomedizintechnik an der Beantragung des SFB599 und TR37 mitwirken zu dürfen bis schließlich zu der Betreuung meiner Dissertation im Maschinenbau.
Herrn Prof. Dr.-Ing. Rissing danke ich für die Übernahme des Koreferats und dem Interesse an meiner Arbeit.
Herrn Prof. Dr.-Ing. Wriggers gilt mein Dank für die freundliche Prüfungsleitung.
Ein besonderer Dank geht an Herrn Prof. Dr. rer.nat. Chichkov für die Möglichkeit diese Arbeit in einem interdisziplinären und interkulturellen Umfeld durchführen zu dürfen. Seine Unterstützung und Vertrauen gab einem die Freiheit zu forschen und durch seinen "...constant flow of new mind-blowing ideas..."[1] konnte Unmögliches möglich gemacht werden.
Entscheidende Beiträge zu dieser Arbeit habe ich Lothar Koch, Jürgen Koch, Claudia Unger und Andrea Deiwick zu verdanken:
Lothar, meinen allwissenden Wegbegleiter, Kneipen- und Konferenzbruder für die vielen großen und kleinen Dinge der letzten 5 Jahre, die zu zahlreich wären um sie hier aufzuzählen, sowie dem herausragend sortierten Schraubenkasten.
Jürgen, der über elektrische Schaltungen, Steuerungstechnik und Programmierung mehr vergessen hat, als ich je lernen werde, und ohne dessen Hilfe der Druckaufbau in dieser Form nicht möglich gewesen wäre.
Claudia, die mit ihrem Enthusiasmus, ihrer Einsatzbereitschaft, ihren Ideen und Vorschlägen viele Teile dieser Arbeit überhaupt erst ermöglicht hat. Darüber hinaus hat Sie mit ihrer offenen und hilfsbereiten Art sowie diplomatischen Feingefühl jede kontroverse Bürodiskussion in die richtigen Bahnen gelenkt, wodurch selbst in der stressigsten Zeit der Spaß an der Arbeit nie verloren ging.
Andrea, der einzigen Frau auf dieser Welt, die aus einer Stammzelle ein komplettes Schwein namens „Mausi“ züchten kann und dieses nebenbei noch lückenlos dokumentiert. Alles was ich je über Zellen gelernt habe und jemals lernen werde verdanke ich Dir.

[1] A. Ovsianikov. *Investigation of Two-Photon Polymerization Technique for Applications in Photonics and Biomedicine*. Cuvillier Verlag, Göttingen, 2009

Den übrigen (ehemaligen) Mitgliedern der Arbeitsgruppe bzw. Abteilung:
Alexandr Ovsianikov, Elena Fadeeva, Sabrina Schlie, Kotaro Obata, Anne Hahn, Svea Petersen, Christoph Ohrt und Jurij Jakobi danke ich für die vielen fruchtbaren Diskussionen und Hilfestellungen.
Ein großer Dank geht auch an meine Studenten und Gastwissenschaftler, die mir die Arbeit sehr erleichtert haben. Erwähnt seien hier insbesondere: Holger Hinkelmann, Hagen Dittmar, Dzina Kuchura und Seojin Jang.
Den Jungs von der Abteilung Laserkomponenten, insbesondere Heinrich Mädebach, Lars Jensen, Istvan Balasa, Marco Jupé und Jens Vogel, möchte ich dafür danken, dass Sie immer ein offenes Ohr für meine blöden Fragen hatten und mir jederzeit aufs Neue helfen konnten. Für die Realisierung diverser Aufbauten darf in diesem Zusammenhang Ristau´s-Reste-Rampe nicht unerwähnt bleiben.
Der Werkstatt, insbesondere Klaus Kujawa und Meik Finke, möchte ich für die Realisierung und Verbesserung meiner CAD-Luftschlösser danken.
Alle der vorgestellten Versuche wären ohne den Einsatz und der Mitarbeit folgender Projektpartner nicht möglich gewesen: Stefan Jockenhoevel, Stefanos Diamantouros, Michael Pflaum, Christian Hess, Ralf Gaebel und Heiko Sorg. Danke, dass Ihr euch immer wieder aufs Neue die Zeit genommen habt einem unwissenden Maschinenbauer die Mysterien von lebenden Organismen näherzubringen.
Michael Hustedt möchte ich für seine akribischen Endkorrekturen meiner Arbeit danken.
Irgendetwas Flüssiges sorgte immer für die Zerstreuung von wissenschaftlichen Sorgen, wofür ich meiner Bierbrau- und Schwimmgruppe, um Soenke Wienecke und Florian Evertz, danken möchte.

Ich wäre nichts ohne meine drei Mädels:
Mercedes und Katharina möchte ich für die vielen kleinen Wunder danken, die Sie einem alltäglich bescheren.
Dir, Elke, danke ich für deine rückhaltlose Unterstützung, deine Liebe und dein überirdisches Verständnis, während der gesamten Zeit meines wissenschaftlichen Werdegangs. Diese Arbeit gebührt mehr Dir als mir.